스마트 오피스
Smart Office I

저자 이은경

ca 현대건축사

Smart Office 1

Author Yi, Katie Eunsu

Publisher Jeong, Ji-seong
Art Director James Jeong
Photo MARU Interiors & Houses
Management Dept. Son, Mi-ran

Published by CA Press Co.
ⓒ Copyright 2016

Address 18, Achasan-ro, 7na-gil,
Seongdong-gu, Seoul, KOREA
(04795)

Phone 82-2-455-8040
82-2-455-8043
Fax 82-2-460-9292

www.capress.co.kr
E-mail capress@hanmail.net

Printed in Seoul, Korea

Price WON 37,000 / USD 43 / EUR 34

스마트 오피스1

저자 이은경

발행인 정지성
아트,디자인 제임스 정
사진 월간마루
관리 손미란

발행 CA 현대건축사
자매지 월간 CONCEPT · 월간 MARU
ⓒ Copyright 2016

주소 서울특별시 성동구 아차산로7나길 18
에이팩센터 307호 (04795)

대표전화 02-455-8040
관리·영업부 02-455-8043
팩스 02-460-9292

※ 이 책에 게재된 기사나 사진의 무단복사 및 전재를 금합니다.

정가 37,000원

Recently, the office space has been transformed into a place which emphasizes the rest and health of workers along with the functional aspect, breaking away from the standardized concept of space. The spaces pursuing to improve workers' creative thinking and performance are increasing. Such spaces use some furniture with unique design, and arrange seats freely, and apply various colors and patterns. Likewise, the resting space for workers, which is newly demanded, is increasingly secured currently. In this book, the various spaces based on the characteristics of business and office spaces designed by unique concept, both at home and abroad, are introduced.

Essay & Platform P008~021
Discussing the smart office age
Smart office and Design of an era of reforming space.
The Background on Smart Working

Universe P022~051
Google Office_Tel Aviv | Camenzind Evolution Collaborators Setter Architects + Studio Yaron Tal
Google Campus _London | Jump Studios_Shaun Fernandes, Markus Nonn
Google Office_Tokyo | Astrid Klein, Mark Dytham & Klein Dytham architecture

Purified P052~089
Zimmer Biomet | Story in Design_Yi Katie Eunsu
Attraction Media | SID Lee Architecture
Connekt's Offices | Connekt Interior
(un)curtain office | dekleva gregoric architects
PREVIASUNDHED | Rosan Bosch & Rune Fjord

Creative P090~129
LEGO PMD | Rosan Bosch & Rune Fjord
TT | Sinato_Chikara Ohno
Pillar Grove | MAMIYA SHINICHI DESIGN STUDIO
Viola Communications HQ | M+N Architecture

Functional P130~187
Story in design | Story in Design_Yi Katie Eunsu
Prime Enterprise | Story in Design_Yi Katie Eunsu
Space.1 | Story in Design_Yi Katie Eunsu
Ipsos Korea | Story in Design_Yi Katie Eunsu
Info Bank | Story in Design_Yi Katie Eunsu
Tupperware Brands | Story in Design_Yi Katie Eunsu

Comfortable P188~224
The Derindere Fleet Leasing Office | TeamFores
Paper Folding Space - Elle Office | feeling Design_Evan Wu
SAP Development Center _Turkey | MuuM
ZAMNESS | nook architects
BWM Office | feeling Brand Design Co., Ltd_Evan Wu

CONTENTS

머리말 / Preface

생각의 틀을 깨라.

지난 달 세계 경제포럼인 다보스에서 대두된 주제는 제4차 산업혁명이다. 로봇과 인공지능, 사물 인터넷(IoT)과 3D 프린팅 등 미래형 기술로 진행되고 있는 제4차 산업혁명에 세계가 주목한 것이다. 이처럼 산업의 패러다임이 바뀌고 IT산업이 발달한 현실에서 우리의 혁신은 선택이 아닌 필수적인 조건이 되었다. 기업의 업무환경 역시 그 예외일 수는 없다.

한 때 고정된 책상이 회사의 소속감을 연결해 주었고 회사내의 직급을 상징하기도 하였다. 하지만 오늘날 기업의 성과는 생산성이 아닌 창의성에 기인한다는 것을 깨달았다. 즉 효율적이며 창의적인 인력을 배양하기 위하여 기업들은 많은 노력을 기울이고 있다. 그런 의미에서 스마트 워크란 자연스럽게 이 시대에 직면한 과제들을 해결할 수 있는 하나의 솔루션으로 확대되고 있다. 그럼 스마트 워크란 무엇인가? 현재의 정보통신기술(ICT)를 이용하여 시간과 장소의 제약 없이 유연한 업무제도를 통하여 직원들의 업무 생산성을 향상하고 개인의 삶과 질을 향상시켜 업무의 창의성과 생산성을 극대화하는 것을 목표로 하는 것이다. 스마트 오피스에서는 개인의 라이프 스타일이나 상황에 맞게 근무할 수 있는 새로운 업무 환경이 도입되어야 한다. 이는 업무 공간뿐만 아니라 각각의 회사에 맞는 관리방식, 인사제도 그리고 문화까지도 재조정 되어야 한다. 이러한 스마트 워크가 가능하게 하는 공간 솔루션으로 도출된 것이 스마트 오피스이다.

어떻게 하면 지금의 치열한 경쟁속에서 회사의 매출을 직원들의 업무 효율성을 증대시키며 지속 가능한 회사로 만들 수 있는가? 라는 문제는 아마도 기존 경영자들 스스로 생각의 틀을 깨는 데서부터 시작되리라 생각한다. 공간적 솔루션인 스마트오피스는 그 고민에 대한 작은 부응이 되지 않을까 하는 생각을 해본다.

Think Outside of the Box

The central topic raised last month in the Davos Forum, a conference of world economic issues, was the Fourth Industrial Revolution. The world is indeed shifting its attention towards this new wave in which robots, artificial intelligence, internet of things (IoT), 3D printing, and other future technologies change the industrial paradigm and developing the IT industry. In such a reality, our innovation is no longer a choice, but a requirement. Corporate labor environment is no exception.

In the past, fixed desks connected the workers to form a sense of belonging in a company, in addition to representing the ranks of their owners in the corporate hierarchy. Companies of today, however, have come to realize that performance is not based on productivity, but rather on creativity, and they are allocating resources and efforts to nurture efficient and creative personnel. In that sense, the phenomenon of smart work is naturally spreading as a solution that can resolve the challenges facing this generation. How, then, should smart work be defined? The answer is that it is an activity of maximizing creativity and productivity in work by improving work productivity and personal life quality. This, in turn, is achieved by enabling flexible work conditions undeterred by time and space, using information and communication technology (ICT).Smart offices must introduce new work environments in which the individual can select a work schedule and style depending on his or her lifestyle or situation. This can only be realized when each company readjusts management methods, personnel policies, and culture, in addition to the workspace. Smart office is a spatial solution?a part of the overall solution?that enables smart-working activity.

All leaders must think about how to make their companies more efficient and sustainable amidst fierce competition of today. While the smart office is only a spatial solution, it may contribute to the overall evolution of management.

인간 중심의 스마트 오피스

공간의 중심은 인간이다.

스마트 오피스는 업무를 수행하기 위한 기능적인 공간이지만, 업무의 주체인 인간에 대하여 연구하고 보다 세심한 배려와 존중을 바탕으로 설계된 새로운 차원의 업무 공간이라고 할 수 있다. 따라서 합리적인 이성과 감성적인 면모를 동시에 지닌 인간의 심리와 행동을 디자인과 테크닉을 통하여 공간에 반영하고 있다.

과거의 업무 공간이 계급(Hierarchy)과 조직 중심의 업무처리와 일의 효율성을 중시하는 기능적이고 획일적인 업무 공간이었다면, 스마트 오피스의 공간은 각 구성원의 창의성을 배려하며 결과적으로 그것이 조직의 업무에서 시너지 효과로 나타날 수 있도록 이끌어 주는 자극적인 공간이어야 한다. 디자인을 통하여 부서간의 소통과 협업이 강화 되고 업무 몰입도와 효율성을 향상 시켜야 한다. 또한, 스마트 오피스는 디자인적 측면에서 뿐만 아니라 시행 방법에 있어서도 다양한 방법으로 시도 되고 있는 것을 볼 수 있다. 스마트 오피스를 시행하고 있는 일부 기업에서는 스마트 워크 센터를 운영하여 직원들의 출·퇴근 시간 감소, 에너지 사용 감소 등 긍정적인 효과를 유출하고 있다.

스마트 오피스의 공간적 목표

업무 공간디자인의 근본적인 목표는 당연히 효율적인 업무 공간을 구성하는 것이지만, 보다 다양한 기능이나 의미를 함축적으로 내포하고 있다고 할 수 있다. 이는 회사의 조직 구조, 문화와 정체성 등 공간의 분할과 이미지로 회사의 특성이 표현되어야 하고 이러한 회사의 특성을 표현하기 위하여 공간은 의도적인 목표를 가지고 접근되어야 한다는 것을 뜻한다. 스마트 오피스의 경우 직원들의 창의성과 시너지를 위한 전략적인 목표로 접근되어야 하며, 소통(Communication), 창의성(Creation), 긍정적인 감성(Positive Emotion)은 스마트 오피스 디자인을 위한 매우 중요한 전략이라고 할 수 있다.

소통(Communication)

스마트 오피스에서 기존의 오피스 공간과 다른 가장 큰 특징으로 볼 수 있는 것이 커뮤니케이션의 적극성이다. 일반적으로 업무의 진행은 무엇(what)을 어떻게(how) 어디서(where) 누구(who)와 할 것인가? 라는 아주 간단한 프로세스에 의하여 이루어진다. 하지만 스마트 오피스에서는 이러한 행위의 과정들의 매 단계마다 다양한 공간을 제공 해야 하고 자연스러운 커뮤니케이션의 기회가 발생하도록 유도 한다. 이를 위하여 변동 좌석제를 도용하고 워크 스테이션의 파티션을 제거하여 전체적인 오픈 공간을 구성하고 의도적으로 마련된 회의실에서의 제한된 소통이 아닌 어디서든 자유롭게 소통이 가능하게 공간을 기획하는 것이다. 이는 직급이나 팀의 영역분리를 배제하여 수평적인 조직 문화를 지향하여 소통(Communication)이 활발하게 가능하도록 하기 위함이다.

Story in Design

Prime Enterprise

창조성 (Creation)

창조성은 기업의 성공을 이끄는 중요한 열쇠이다. 현대 사회에서 기업의 성공은 노동시간에 관계없이 효율적이고 효과적인 업무에 의해 좌우된다. 따라서 통제를 위한 획일적인 업무 공간 보다는 개인의 능력을 효과적으로 개발할 수 있는 자유로운 공간을 유도하여야 한다. 다양한 형태의 워크 스테이션, 아이디어 룸이나 브레인스토밍 룸과 같은 좀 더 자유로운 형식의 회의실, 잠시 휴식을 취할 수 있는 휴게실, 개인의 공간인 집중실과 직원들의 체력을 위한 운동실 등 다채로운 공간의 계획이 필요하며 그에 맞는 컬러와 마감재를 통해 쾌적한 공간을 제안해야 한다.

긍정적인 감성(Positive Emotion)

회사에 대한 대한 자긍심, 애사심, 소속감, 로열티 같은 긍정적인 감성은 회사 실적에 긍정적인 결과를 가져온다는 것이 많은 경험과 연구를 통해 밝혀 졌다. 즉, 행복한 직원이 근무하는 회사는 더 많은 창의적인 성과를 가져와 회사의 성공에 영향을 미친다는 것이다. 회사에 대한 긍정적인 감성은 근태 조건이나 보상 등 많은 회사의 정책이 우선일 수 있지만, 디자인을 통하여 긍정적인 분위기를 제공하는 것 역시 간과할 수 없는 일이다. 직원들의 편의를 위해 세심하게 배려한 공간은 회사에 대한 직원들의 행복지수와 회사에 대한 자부심을 높일 수 있다.

스마트 오피스의 공간적 특성

직원들의 창의성과 활발한 커뮤니케이션 그리고 긍정적인 감성을 위한 스마트 오피스에는 공간적인 특성이 있다. 이는 업무의 행위와 인간의 본성에 근거한 세심한 공간적 분리로 나누어지는데 업무 공간, 협업 공간, 보조 공간 등으로 볼 수 있다.

업무 공간 (WORKSTATION SPACE)

스마트 오피스에서 업무 공간의 특성은 워크 스테이션(Workstation)의 좌석 변동제를 기본으로 한다는 것이다. 좌석 변동제란 정해진 워크 스테이션의 좌석이 없으므로 미리 예약하거나 아니면 출근 시간이 빠른 사람이 선택적으로 앉을 수 있는 시스템을 말한다. 물론 회사의 사정이나 업무 형태에 따라 일부 좌석 변동제를 하거나 전체적으로 좌석 변동제를 실시할 수 있다. 심지어 직급과 상관없이 워크 스테이션의 좌석을 선정하여 모든 직원들에게 쾌적한 업무 공간을 제공하는 동시에, 보다 효율적인 공간 확보를 통하여 공용 공간을 더 배려할 수 있다는 장점이 있다. 또한 개인 락커 등이 제공되어야 하지만, 책상에 쌓이던 서류들을 둘 수 없으므로 깨끗한 업무 환경을 제공할 수 있다. 그밖에 임원실을 최소화하여 수평적인 커뮤니케이션을 이끌 수 있다. 워크 스테이션의 배치 면에서, 오픈 업무 공간에서는 책상을 다양한 형태로 두어 획일적이지 않은 형태를 제안할 수 있는데, 이는 개인의 특성을 고려해 독서실형, 도서관형, 스탠딩형 등 다양한 컨셉으로 배치가 가능하다. 또한 워크 스테이션의 사이즈는 옆에 앉는 사람에 대한 친밀도와 관계가 있는데, 과거에는 1.8m의 워크 스테이션이 주류를 이루었으나 지금은 1.2~1.4m 책상을 권장하고 있다.

협업 공간 (COOPERATION SPACE)

스마트 오피스의 가장 큰 특징은 협업 공간의 활성화이다. 일반적으로 협업 공간의 대표적인 공간은 회의실이다. 하지만 스마트오피스에서는 고정적이거나 가변적, 개방적인 협업 공간을 제공하며 다양한 가구배치를 통해 딱딱한 분위기의 회의실에서부터 자유로운 분위기까지 조성 할 수 있다. 또한 협업 공간의 배치에 따라 회의 성향이 바뀔 수 있다. 워크 스테이션 근처에 배치된 회의 공간은 직원들의 접근성을 높이고 간단한 커뮤니케이션을 할 수 있는 공간으로 제공될 수 있고 소파나 벤치 같은 보다 캐주얼한 가구를 두어 자유로운 회의 분위기를 연출할 수도 있다. 대회의실이라고 하더라도 제한된 공간에서 많은 좌석을 둘 수 없는 것이 현실이기에 벽면에 붙박이 벤치를 설치하여 자연스럽게 추가적인 인원이 회의에 참석할 수 있도록 기획할 수 있다. 스마트 오피스에서는 잠시 휴식을 취할 수 있는 휴게실은 협업할 수 있는 색다른 공간이 될 수 있다. 이때 휴게실은 개별적이거나 팀별 업무가 가능하도록 조명이나 가구배치에 신경을 써야 한다. 그 외에도 라운지의 경우 좀 더 업그레이드된 까페나 로비 같은 형태로 보다 개방적인 협업 공간이 될 수 있다.

Story in Design

Prime Enterprise

창조성 (Creation)

창조성은 기업의 성공을 이끄는 중요한 열쇠이다. 현대 사회에서 기업의 성공은 노동시간에 관계없이 효율적이고 효과적인 업무에 의해 좌우된다. 따라서 통제를 위한 획일적인 업무 공간 보다는 개인의 능력을 효과적으로 개발할 수 있는 자유로운 공간을 유도하여야 한다. 다양한 형태의 워크 스테이션, 아이디어 룸이나 브레인스토밍 룸과 같은 좀 더 자유로운 형식의 회의실, 잠시 휴식을 취할 수 있는 휴게실, 개인의 공간인 집중실과 직원들의 체력을 위한 운동실 등 다채로운 공간의 계획이 필요하며 그에 맞는 컬러와 마감재를 통해 쾌적한 공간을 제안해야 한다.

긍정적인 감성(Positive Emotion)

회사에 대한 대한 자긍심, 애사심, 소속감, 로열티 같은 긍정적인 감성은 회사 실적에 긍정적인 결과를 가져온다는 것이 많은 경험과 연구를 통해 밝혀졌다. 즉, 행복한 직원이 근무하는 회사는 더 많은 창의적인 성과를 가져와 회사의 성공에 영향을 미친다는 것이다. 회사에 대한 긍정적인 감성은 근태 조건이나 보상 등 많은 회사의 정책이 우선일 수 있지만, 디자인을 통하여 긍정적인 분위기를 제공하는 것 역시 간과할 수 없는 일이다. 직원들의 편의를 위해 세심하게 배려한 공간은 회사에 대한 직원들의 행복지수와 회사에 대한 자부심을 높일 수 있다.

스마트 오피스의 공간적 특성

직원들의 창의성과 활발한 커뮤니케이션 그리고 긍정적인 감성을 위한 스마트 오피스에는 공간적인 특성이 있다. 이는 업무의 행위와 인간의 본성에 근거한 세심한 공간적 분리로 나누어지는데 업무 공간, 협업 공간, 보조 공간 등으로 볼 수 있다.

업무 공간 (WORKSTATION SPACE)

스마트 오피스에서 업무 공간의 특성은 워크 스테이션(Workstation)의 좌석 변동제를 기본으로 한다는 것이다. 좌석 변동제란 정해진 워크 스테이션의 좌석이 없으므로 미리 예약하거나 아니면 출근 시간이 빠른 사람이 선택적으로 앉을 수 있는 시스템을 말한다. 물론 회사의 사정이나 업무 형태에 따라 일부 좌석 변동제를 하거나 전체적으로 좌석 변동제를 실시할 수 있다. 심지어 직급과 상관없이 워크 스테이션의 좌석을 선정하여 모든 직원들에게 쾌적한 업무 공간을 제공하는 동시에, 보다 효율적인 공간 확보를 통하여 공용 공간을 더 배려할 수 있다는 장점이 있다. 또한 개인 락커 등이 제공되어야 하지만, 책상에 쌓이던 서류들을 둘 수 없으므로 깨끗한 업무 환경을 제공할 수 있다. 그밖에 임원실을 최소화하여 수평적인 커뮤니케이션을 이끌 수 있다. 워크 스테이션의 배치 면에서, 오픈 업무 공간에서는 책상을 다양한 형태로 두어 획일적이지 않은 형태를 제안할 수 있는데, 이는 개인의 특성을 고려해 독서실형, 도서관형, 스탠딩형 등 다양한 컨셉으로 배치가 가능하다. 또한 워크 스테이션의 사이즈는 옆에 앉는 사람에 대한 친밀도와 관계가 있는데, 과거에는 1.8m의 워크 스테이션이 주류를 이루었으나 지금은 1.2~1.4m 책상을 권장하고 있다.

협업 공간 (COOPERATION SPACE)

스마트 오피스의 가장 큰 특징은 협업 공간의 활성화이다. 일반적으로 협업 공간의 대표적인 공간은 회의실이다. 하지만 스마트오피스에서는 고정적이거나 가변적, 개방적인 협업 공간을 제공하며 다양한 가구배치를 통해 딱딱한 분위기의 회의실에서부터 자유로운 분위기까지 조성 할 수 있다. 또한 협업 공간의 배치에 따라 회의 성향이 바뀔 수 있다. 워크 스테이션 근처에 배치된 회의 공간은 직원들의 접근성을 높이고 간단한 커뮤니케이션을 할 수 있는 공간으로 제공될 수 있고 소파나 벤치 같은 보다 캐주얼한 가구를 두어 자유로운 회의 분위기를 연출할 수도 있다. 대회의실이라고 하더라도 제한된 공간에서 많은 좌석을 둘 수 없는 것이 현실이기에 벽면에 붙박이 벤치를 설치하여 자연스럽게 추가적인 인원이 회의에 참석할 수 있도록 기획할 수 있다. 스마트 오피스에서는 잠시 휴식을 취할 수 있는 휴게실은 협업할 수 있는 색다른 공간이 될 수 있다. 이때 휴게실은 개별적이거나 팀별 업무가 가능하도록 조명이나 가구배치에 신경을 써야 한다. 그 외에도 라운지의 경우 좀 더 업그레이드된 까페나 로비 같은 형태로 보다 개방적인 협업 공간이 될 수 있다.

개인적 공간 (PERSONAL SPACE)
스마트 오피스는 활발한 커뮤니케이션을 위하여 전반적으로 오픈된 형태이나 경우에 따라서 성향을 배려하는 개인적인 공간 역시 필요하다. 특히 업무 몰입도를 위한 집중실이나 개인의 사적인 생활을 보호하기 위한 '전화 부스' 같은 공간을 설치하여 의도적인 개인 공간을 할애할 수 있다. 또 다른 방안으로는 휴게실이나 워크스테이션 근처에 개인적인 업무를 할 수 있도록 디자인된 가구를 선택해 배치하는 경우도 있다.

보조 공간 (SUPPORT SPACE)
스마트 오피스에서 업무 활용을 위한 중요 공간은 아니지만 기능적으로는 필요한 공간들이 있다. 리셉션 및 메인 출입구, OA 공간 및 음료대 위치, 수납공간 및 창고, 락커룸, 수유실 및 여자 휴게실, 서버룸 등이 그 예이다. 또한 이러한 공간들은 가볍지만 우연한 커뮤니케이션이 발생하기 쉬운 공간들로 업무효율과 협업에 도움이 되는 것으로 연구되었다.

리셉션 및 메인 출입구 (Reception Area / Entrance Area)
공간의 규모나 리셉션리스트(Receptionist)의 존재 여부에 따라 리셉션 또는 메인 출입구 공간으로 불리는데 이 공간은 회사의 얼굴이라고 할 수 있는 공간으로 고객들이 회사에 대한 첫 인상을 갖는 곳이라 중요하다. 디자인 설계 시에는 회사의 컨셉 컬러와 마감재를 이용하여 회사의 정체성(Identity)을 집약적으로 담아내려고 하는 곳으로 기업의 문화를 읽을 수 있는 공간이다. 리셉션 공간 근처에는 메일 룸(Mail Room)이나 접견실(Guest Room)을 두어 외부인의 동선을 가능한 짧게 제안하는 것이 일반적이며 또한 리셉션 근처에 대기 공간을 두어 고객들이 회사를 방문 했을 때 간단한 미팅을 할 수 있게 배려 할 수 있다.

OA 공간과 음료수대 (Office Assistant Area / Water Fountain)
회사의 면적이 넓을 경우 휴게실과 업무 공간의 동선이 긴 경우 직원들의 편의를 위해 음료수대의 위치를 OA공간 근처에 추가적으로 두는 것이 효율적이다. OA 공간 역시 공간의 여유 정도에 따라 룸이나 복도 공간에 배치될 수 있으며 필요에 따라 1개소 이상의 곳에 두어야 한다. 다시 말해, OA 공간과 음료수대의 위치는 업무 공간의 동선에서 가장 편리한 위치에 배치하는 것이 좋다. 특히 OA 공간과 음료수대는 우연한 커뮤니케이션을 가능하게 하는 곳이기도 하기에 배치와 디자인에 있어 관심을 둘 가치가 있는 공간이다.

수납공간 및 창고 (Built-in Cabinet / Storage)

스마트오피스에서는 출력물을 극도로 자제하여 최소한의 문서 보관 공간을 조건으로 하지만 기본적인 수납 공간은 필요한 요소이다. 수납장의 경우 주로 오픈 오피스의 벽면을 이용하여 공간적인 효율성을 높이는 것을 권장하고, 창고공간의 경우 사무실의 상황에 맞도록 하되 용도에 맞추어 밀폐 여부와 장소를 정하도록 한다.

락커룸 (Locker Room)

락커룸은 변동 좌석제를 실시할 경우 꼭 필요한 공간이다. 회사마다 배정할 수 있는 공간의 면적은 다르지만, 공용 옷장을 설치하여 개인적인 락커를 최소화 하는 것이 공간 활용도에 있어서 좋다.

산모실 및여자 휴게실 (Mom's Room / Women's Lounge)

정부의 출산 정책과 맞물려 수유부들의 어려움을 배려한 공간이다. 현재 법적인 규제 사항은 없으나, 기혼 여성의 사회진출이 증가하는 상태이므로 미래에는 반드시 필요한 공간이 될 것이며 회사의 복지와 배려를 보여줄수 있는 공간이라고 할 수 있다. 수유실 및 여자 휴게실은 회사의 복지차원에서 회사가 여성에게만 배려하는 공간이다.

서버룸(Server Room)

IT 시스템의 개발로 인해 자체적인 서버룸을 두는데 이는 가장 기능적인 측면이 중요하다. 각 회사의 서버의 규모의 따라 제안되는 설비는 선택적으로 다를수 있다. 가장 기본적인 고려 사항들은 악세스플로어, 기존 스프링쿨러 제거, 항온항습기 또는 에어컨 설치, 소음 등에 대해 고려해야 한다.

Info Bank

Space.1

디자인적인 고려 사항

쾌적한 업무 공간 구성을 위해서 자연광(Daylight), 동선(Circulation), 컬러와 마감재(Color & Material), 가구는 중요한 요소가 된다.

자연광(Daylight)은 어떤 인공조명 기기 보다 밝고 쾌적한 분위기를 제공하는 중요한 요소이다. 채광의 적극적인 유도는 오픈 공간에서 에너지 절약뿐만 아니라 공간의 쾌적함을 가져다 주기 때문에 업무 공간이나 휴게실 또는 회의실 등의 중요 공간들을 먼저 배치하도록 해야 한다. 또한, 눈에는 보이지 않지만 공기의 질(Quality)을 좌우하는 공조 시스템은 중요한 고려사항이다. 현대의 고층 빌딩들은 오픈 가능한 창을 제한적으로 제공하기 때문에 벽체로 둘러싸인 공간의 개수와 직원의 인원 수에 따른 공조시스템에 대해 검토가 필요하다.

동선(Circulation)은 각각의 목적을 가진 공간과 공간을 연결하는 것을 말하는데 정보 분석에 따른 사람들의 움직임, 행동을 중심으로 연결된 고리이다. 동선을 어떻게 구획하느냐가 공간의 활용성과 편리성을 크게 도와줄 수 있다. 효율적인 동선을 위해서는 공간의 상호작용에 따른 배치 또는 사람의 행동의 순서에 따른 배치 또는 사용 빈도가 높은 공간의 배치에 따라 고려해야 한다.

칼라와 마감재(Color & Material)는 같은 기능의 스마트 오피스를 다양하고 다르게 표현해 주는 절대적인 요소이다. 어떤 컬러와 마감재를 사용했느냐에 따라 회사의 정체성, 문화 그리고 분위기를 구현해 낼 수 있으며, 이를 위해서는 디자이너의 숙련된 감각과 아이디어가 필요하다. 또한 디자이너의 끊임없는 도전은 참신한 공간을 제공하고 이는 회사의 직원들에게 새로운 공간적인 경험과 문화를 제공하기도 한다.

마지막으로, **가구(Furniture)**는 공간을 완성시키는 요소이며 공간의 핵심 포인트라고 할 수 있다. 업무공간에서 가구는 인간의 활동 목적에 따라 워크 스테이션, 회의실 및 휴게실 등에서 기능적으로 달리 배치 되어야 한다. 특히 스마트 오피스에서 중요한 공간인 공용 공간 및 휴게실의 가구는 기능뿐만 아니라 색채나 형태를 통해 심미적인 요소로 작용한다.

스마트 오피스는 기존의 업무 공간과 비교하여, 업무공간의 성격상 공간 프로그램이나 시각적인 면에서 표면적으로 유사한 점이 있을 수 있다. 하지만 스마트 오피스는 IT 시스템을 기반으로 한 스마트 워크가 가능하도록 하는 업무 공간이며 소통, 창조성, 긍정적인 감성을 도출하기 위해 의도적으로 계획된 업무 공간이다. 스마트 오피스는 기존 공간과의 차별화를 통해 새로운 업무 공간을 제공하여 직원들의 창의성과 생산성을 향상 시키고 기업의 문화를 재창조 하는 공간을 지향하고 있다는 점에서 매우 큰 차이가 있다고 할 수 있다.

Anthropocentric Smart Office

The Human is at the Center of Space

Smart office is an anthropocentric space for work that contains human behavioral processes. If the workspace of the past centered around the organization which moved under the principle of ranks and hierarchies that were functional and uniform, the smart office of today aims to be a stimulating space that can induce creativity from each member that composes a team. Several companies that employ smart office in their workspaces operate smart work centers to generate positive effects such as reducing commute times and energy use.

Spatial Objective of the Smart Office

The foundational objective of the workspace is of course to configure an area in which workers can be effective; it implicatively expresses more function and meanings. Smart office must take a strategic approach for creativity and synergy of the employees, which may be summarized as communication, creativity, and positive emotions.

Communication

The starkest feature of the smart office is the drive to communicate in its users. Workflow in general can be defined as a simple process of doing what with whom; in this process, the smart office must provide appropriate space for each work situation and enable all opportunities of communication. This, in turn, is to activate robust communication that help the realization of a horizontal organizational culture.

Creation

Creativity is the key to the success of a company. To achieve this goal, various forms of workstations, focus rooms, brainstorming rooms, other free-style meeting spaces, as well as lounges, meeting rooms, and fitness spaces must come together in a variegated spatial planning which use appropriate colors and finishing materials that generate comfortable and effective atmosphere. Positive emotions such as pride and love for the company are said to bring positive results to the achievements of the company: that is, happy workers bring the company more creative results that positively impact the success of the enterprise.

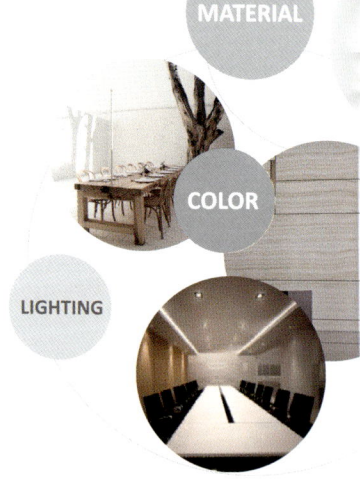

Spatial Features of the Smart Office

Certain spatial features dominate a smart office that are designed for creativity, communication, and positive emotions of the workers. Such features are spatially classified, based on the working behavior and human nature: the smart office is composed of workspace, collaborative space, and auxiliary space.

Workstation Space

The workspace in the smart office is based on the principle of no assigned workstations, under which employees can choose their own corner of the space to work out of. Depending on the company's working conditions, some seats may be assigned, or the managers may not predetermine any seating. In an open workspace, workstations may be arranged in a variety of manners to propose non-uniform layouts.

Cooperation Space

The most unique trait of the smart office is activation of the collaborative space. In addition, the atmosphere of the meeting can change depending on the layout of the collaborative space; accessible meeting spaces near the workstations allow simple communications to take place, in addition to directing a freer mood during meetings. Lounges are a characteristic space in which collaboration can take place.

Personal Space

Because smart offices are open spaces designed for active communication, there is a need to designate private areas that cater to individual preferences. Although they may not be central area in the smart office that are directly utilized for work, such private spaces are functionally required: examples include the reception area and the main entrance, spaces for office automation, water fountains, storage, shelves, and drawers, locker rooms, lounges for nursing mothers or women, as well as server rooms.

Reception Area / Entrance Area

Depending on the size of the space or the existence of a receptionist, the initial entry point to a workspace is called reception area or main entrance. This is an area that represents the company, in which visitors and customers form their first impressions about the operation, making it one of the most important areas. From a design perspective, the space embodies the company identity and culture, by using company colors and finishing materials that best express the characteristics of the venture.

Office Assistant Area / Drinking Fountain

In case the company is housed in a large space and the distance between the lounges and the workspaces are greater, it is efficient to have more drinking fountains near office automation spaces. Office automation spaces and drinking fountains enable coincidental communications.

Built-in Cabinet / Storage

Although smart offices minimize paper printing to require minimal document storage, storage itself is a necessary element in an office. Using the walls of the open office to increase spatial efficiency is recommended, and the storage must be place in consideration of minimizing spatial requirement.

Locker Room

If there are no assigned workstations for the employees, locker rooms are essential. While the size of the space available in each company is different, spatial utility is maximized if communal closet, rather than individual lockers, is installed.

Mom's Room / Women's Lounge

Lounges for nursing mothers and women are spaces that provide comfort for mothers, in response to the government's policy to increase childbirth. Despite the lack of regulations, such spaces are required as more mothers enter the workforce.

Server Room

With the development of information technology systems, companies began to host their own server rooms, for which the functional aspect is the most important. Facilities proposed for this room may selectively differ depending on the size of the servers used. The basic points for consideration would be to have access floors, dismounting sprinklers, installing air conditioning, and taking noise reduction measures.

A SMART OFFICE IS...

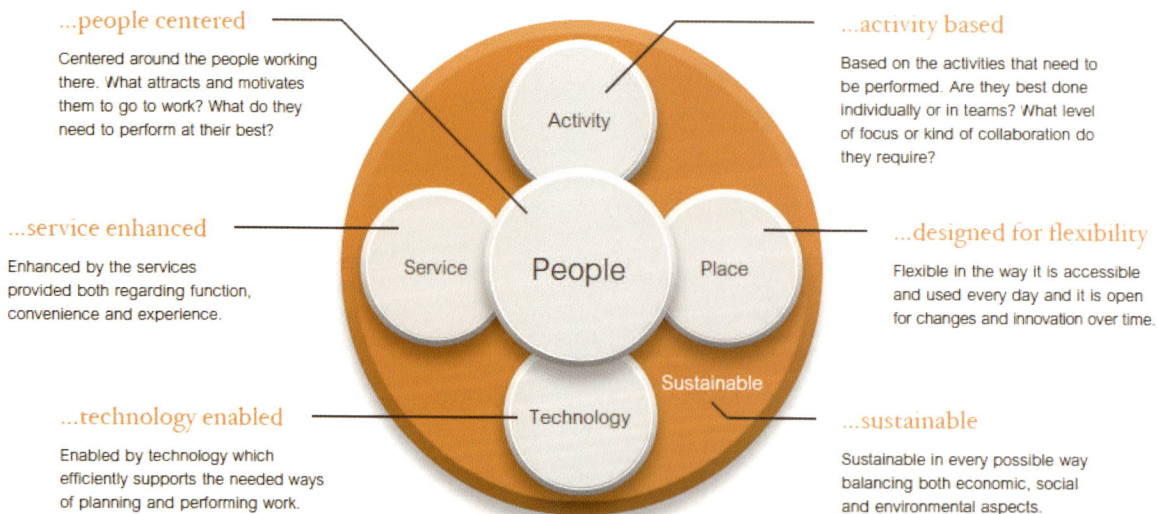

...people centered
Centered around the people working there. What attracts and motivates them to go to work? What do they need to perform at their best?

...service enhanced
Enhanced by the services provided both regarding function, convenience and experience.

...technology enabled
Enabled by technology which efficiently supports the needed ways of planning and performing work.

...activity based
Based on the activities that need to be performed. Are they best done individually or in teams? What level of focus or kind of collaboration do they require?

...designed for flexibility
Flexible in the way it is accessible and used every day and it is open for changes and innovation over time.

...sustainable
Sustainable in every possible way balancing both economic, social and environmental aspects.

출처 : SMARTOFFICE.COOR.COM

Design Considerations

In configuring a comfortable workspace, daylight, circulation, colors, materials, and furniture are important factors.

Daylight is an important element that can provide lighting and comfort better than any artificial lighting equipment. Proactive inducement of natural light not only saves energy in an open space, but also brings comfort to it, which leads to the conclusion that important areas such as workspace, lounges, or meeting rooms are placed to receive maximum sunlight. Although it is not apparently visible, air conditioning system that determine the air quality is an important element to consider as well.

Circulation refers to the connection between spaces with various objectives; this is a ring that is linked with the users' movements and behaviors revealed by information analysis. The configuration for the line of movement may drastically increase the utility and convenience of the space. Such placement of spaces for good circulation must be done in accordance with mutual interaction among spaces, the order of human behavior, and the frequency in which the rooms are used.

Colors and materials are absolute elements that can express the smart office in a diverse and unique way. The colors and materials can determine the identity, culture, and atmosphere of the company in the spaces.

Lastly, **furniture** completes the space, which makes it the key point of the space. Furniture in lounges and other communal spaces that are crucial areas for the smart office can work to have aesthetic influence on its users through function as well as colors and shapes.

Compared the workspace of the past, the smart office has a similar spatial program and the designs applied to it are not vastly different. The smart office, however, is a workspace that enables smart-work based on IT systems; it is a workspace deliberately planned to generate communication, creativity, and positive emotions. The smart office is a space that is differentiated from the spaces of the past to provide new workspaces that improve creativity and productivity of the workers, while re-creating the corporate culture.

스마트오피스 시대를 논하며.....

글 / 정지성_월간마루 편집주간

유비쿼터스의 교훈.

유비쿼터스Ubiquitous로 대변되는 '홈 네트 워크 시스템'은 집 주인이 외출을 마치고 집에 돌아와서는 거실 벽에 붙어있는 '월 패드(홈서버)'를 확인한다. 부재중에 방문한 사람이 있는지, 몇 시에 무슨 용건으로 왔었는지 등 화면과 음성이 저장돼 있기 때문에 확인이 가능하다. 외출 중에도 집으로 찾아온 방문객과 집주인의 휴대폰으로 통화를 할 수 있다. 이 때문에 설사 외출 중일 때 시골에서 집안 어른들이 갑자기 찾아오신 경우에도 본인의 휴대폰으로 현관 앞에서 도어 폰을 사용하여 통화를 하고 현관문을 원격으로 열어드릴 수 있다. 이렇듯 최첨단 시스템으로 지난 10여 년 전부터 산자부로부터 지원을 받은 많은 대학연구소 그리고 전문잡지 창간 등을 지원했으나 지금은 스마트 폰, 스마트 홈에 완전히 밀려서 유비쿼터스란 말조차 새롭게 들린다. 10년이면 강산이 변하듯 독신주의와 원룸 시대를 살아가는 요즈음 서울 사는 아들 집에 시골 부모가 부재중에 찾아올 리도 없고, 설사 방문한다고 해도 상호 간에 휴대폰으로 연락하고 찾는다. 과거의 생활 패턴에 맞춰서 부재중에 찾아오는 일은 없다. 또한, 중요한 손님이나 친분이 있으면 키폰 번호를 알려주면 된다. 불과 10년을 못 내다보고, 정부에서는 최첨단이니, 새로운 홈 네트 워크니 하면서 쓸데없는 지원을 한 셈이다.

실생활에 필요하고 사회 발전과 함께하면 굳이 정부가 나서지 않아도 기업이 앞장서서 개발과 적응속도를 조율하여 새로운 변화와 창조적 기술을 도입한다. 따라서 보다 발전된 형태의 유비쿼터스라도 제한적으로 도입 발전시키는 것이 바람직하다.

무엇이 스마트 오피스인가?

오늘날 선진 국민들은 스마트로 시작하는 스마트한 삶을 살고 있다. 침대에서 일어나자마자 스마트 폰을 만지고, 밤사이 들어온 메시지를 확인하고 스마트 TV로 하루를 시작한다. 직장인들은 최첨단 기능으로 무장한 스마트 카를 타거나 대중교통이라도 정보와 시간, 역 이름 같은 정보는 간단히 알려주는 스마트 버스나 지하철을 타고 회사에 나간다. 직장에서는 다양한 직업과 각기 다른 업무에도 일상에 깊숙이 파고 들은 인터넷과 정보 통신기술을 이용하여 업무를 처리한다. 이렇듯 현대인은 선택이 아닌 필요 불가분의 스마트 시대를 살아 가고 있다. 즉 스마트 오피스 시대를 맞이한 것이다. 그러면 스마트 오피스란 무엇인가? 흔히 ICT(information & Comuuunications Technologies)로 대변하는 "정보 통신 기술에 의하여 시공에 관계없이 업무처리가 가능한 스마트 워크"를 말한다.

물론 현세의 IT기술에 의한 스마트 오피스느 정보 통신으로 대변하지만 본란에서는 스마트 시대에 맞는 새로운 오피스 공간으로서 친환경적 요소가 가미된, 창조적이면서도 자율적인 공간, 그리고 효과적인 IT 업무를 수행하고 다양한 기능을 가진 공간. 즉 전시적인 기능보다는 접촉하고, 느끼고 실효적인 휴게공간이 확보된 오피스에 대하여 스마트 오피스라고 정의하고 싶다.

스마트 오피스 시대를 연 디자인 공간.

세계적인 기업으로서 IT 기업의 선구적인 역할을 하고 있는 구글은 대표적인 스마트 오피스 공간 디자인을 가지고 있다. 그 중에서도 구글 이스라엘 텔아비브는 친환경적인 사무실 분위기를 넘어 마치 아마존 강의 정글이나 중세시대의 원초적 지구환경을 느낄 수 있는 초자연적인 사무실을 갖고 있다. 협업과 아이디어의 공유를 위하여 50%가 넘는 공간이 직원들의 커뮤니케이션 공간으로 활용되었으며, 소통공간과 사무실은 명확히 분리되어 근로자의 집중력을 위한 근무환경을 조성하였다. 이 곳에서는 사무실이 곧 휴양지이고, 썬텐장이며, 석양을 바라보고 커피를 즐길 수 있는 자유로움과 창조적인 공간으로 미래지향적인 스마트 오피스 개념이 넘쳐난다.

한국에서는 유한킴벌리 죽전 사옥이 가장 선구적으로 스마트 오피스 공간 디자인을 적용한 기업으로 알려져 있다. 기존의 일렬식 사무 집기의 배열이 아닌 기능과 업무를 우선한 자유로우면서도 구분된 사무실 디자인 구조가 돋보인다. 업무에 따라 각기 다른 여러 소규모 회의실은 반 오픈식으로 휴게공간과 간결하게 연결되어 있으며, 수시로 식음을 즐길 수 있는 공간이 실효적으로 이용되고 있다. 한 켠으로는 역사박물관에 온 듯한 리얼리티한 전시공간과 대회의실이 한 공간으로 열려있다.

하지만 가장 중요한 것은 대기업이 아닌 중소 기업이라도 적은 돈을 들여 작은 업무 공간을 창조적이고, 업무 효율적으로 공간을 디자인하고, 그 터에서 이루워지는 스마트 오피스가 진정한 의미의 스마트 오피스의 의미가 아닐까? 한다.

Ipsos Korea

Google Office, Tel Aviv

Zimmer Biomet

Attraction Media

Discussing the smart office age
Written by Jeong, Ji-seong

ZAMNESS

Taking a lesson from the failure of previous ubiquitous era!
The home owner of 'Home Network System,' a representative ubiquitous system, checks 'the wall pad (home server)' on the wall when coming back home. It is easy to check the recorded information of images and voice, such as whether there was a visiting, at which time, and for what purpose during one's absence. A visitor calling at the home in the absence of the home owner can communicate with a mobile phone. When there is a sudden visiting of senior clans from the country during the absence of home owner, the mobile phone can be linked to talk with visitors with the door phone and the door can be open by remotely operated mobile phone. Though the Ministry of Commerce, Industry and Energy had invested for the state-of-art system by supporting many research institutes of universities and publish of the first issue of class magazines for over a decade. At present the ubiquitous system has been entirely lost by smart phones and smart homes, and even the word 'ubiquitous' sounds new. As in a saying, "ten years is an epoch," the parents living in the country will not visit their son's home in Seoul, a studio, in this celibacy era, and even when they visit their son's home, they talk with their son in advance through the mobile phone. People do not visit other people's home while the home owner's absence as had been in the past. In addition, the key phone number will open the door for important guests or acquaintances. The government had invested lots of resources to useless stuffs such as state-of-art or novel home network, without anticipating just 10 years ahead.

When there is a demand from practical life and social development accompanies, it is desirable that business sector will lead the development, modulate the speed of adaptation, and introduce a new change and creative technologies for developing more advanced ubiquitous system in a restrictive manner.

What is a smart office?
People of today in advanced countries live a smart life to begin their day with smart. People start with their day by touching their smart phones as soon as they get up from bed, checking message delivered during the night and watching news with smart TV. They drive a smart car with a number of functions or ride on a public transportation such as smart bus or metro informing time and station names briefly while going to their office. In their office they handle with their diverse business works using the Internet and IT devices which have been

penetrated deeply in daily life. As such modern people live in smart era, which is not a choice but is an integral part of life. Namely, we are in a smart office era. Then what is a smart office? It is smart working capable of doing business works irrespective of time and space using information communication technology, commonly called as ICT.

For the purpose of this article, it accounts for a new office space with eco-friendly elements, and is a creative and autonomous space, where IT business works can be executed effectively with aids of diverse functions, being in touch with, felt and having a practical resting space, rather than showing-off, in the smart era.

Google Office, Tel Aviv

Design space opened the smart office era

Google, a world renowned and leading IT business firm, has representative smart office design. The Israel branch of Google has a business space, which is far beyond simple eco-friendly, rather is like a supernatural space, making people feel in the jungle of the Amazon river or basic Earth in the Middle age. In this place, office is the resting place, a sun-tanning room, a free and creative space being able to see the sunset while enjoying coffee, representing the futuristic smart office.

Google Office, Tel Aviv

It is known that the headquarter office building of Yuhan-Kimberly has initiated to apply smart office space design in Korea. The office, where function and works is listed in priority, stands out free but divided in its design, where office supplies are not arranged in line as most offices are. Several, small conference rooms based on the work nature are semi-open, and linked with resting space, can be used for practical purpose, such as enjoying eating and drinking. Meanwhile, the display space, making feel the reality of historic museum of the company, and the main conference room are bound but open in a space.

Publishing a special issue

Last year the special issue of 'smart office' design was accepted enthusiastically from readers, and once again this special issue has been edited. But we were sorry not to publish the examples of diverse "smart office space" due to closed nature of the office in Korea, unlike foreign office space, cause of their security reason. The Monthly Maru will provide information regarding 'smart office' continuously in future.

PAPER CU[PS] CANS GLASS

Design reflects corporate culture. Global companies want to have their corporate culture reflected in the space of their offices, in whichever country they may create them. After all, a global design would boast applicability regardless of country. Thus, a design that makes a space deliver freshness, no matter whichever culture its users come from, can be considered universal.

Universe

Google Office _Tel Aviv

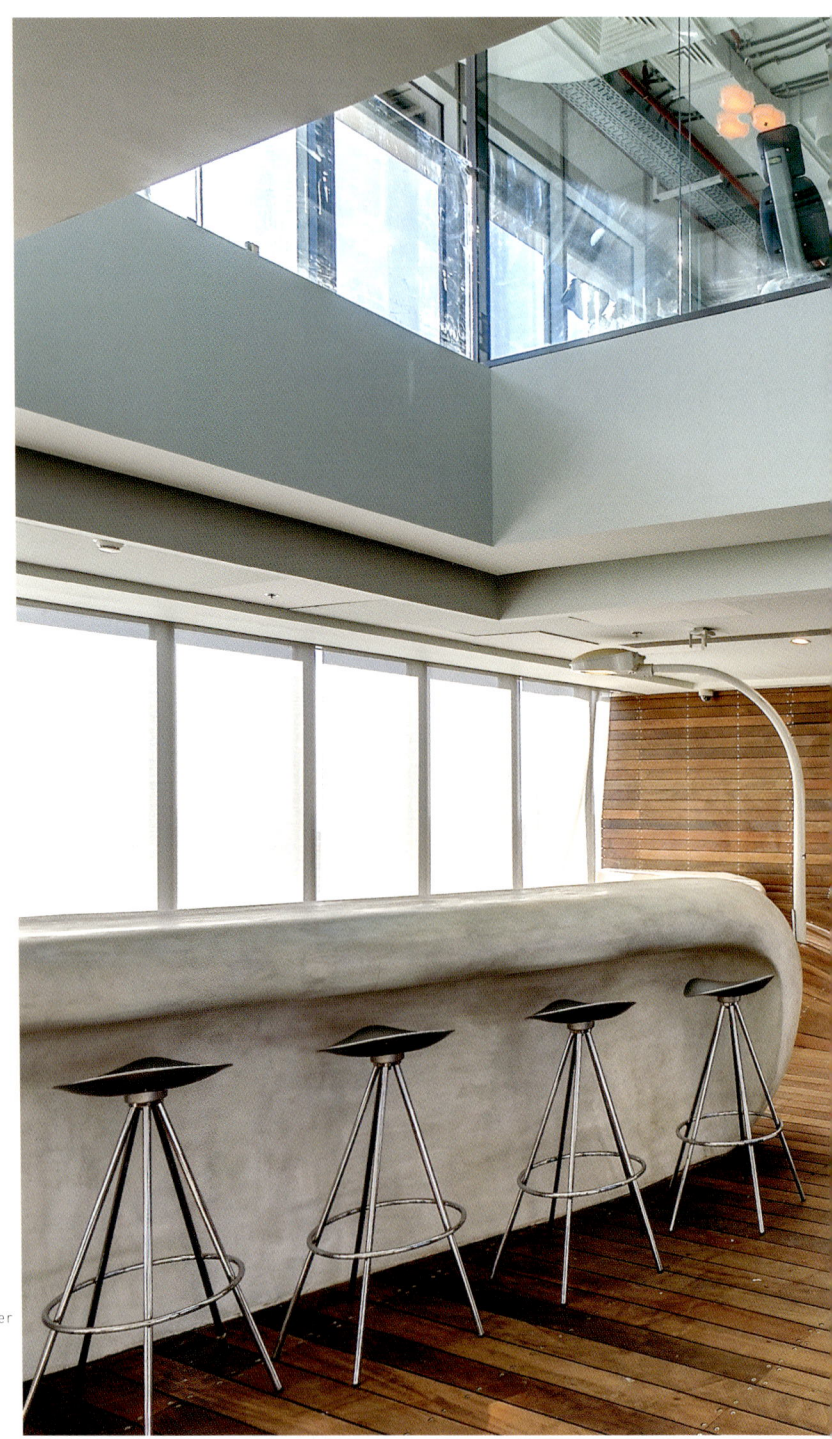

Design Camenzind Evolution Collaborators Setter Architects + Studio Yaron Tal
Location Tel Aviv, Israel
Use Office
Area 8,000m²
Photo Itay Sikolski

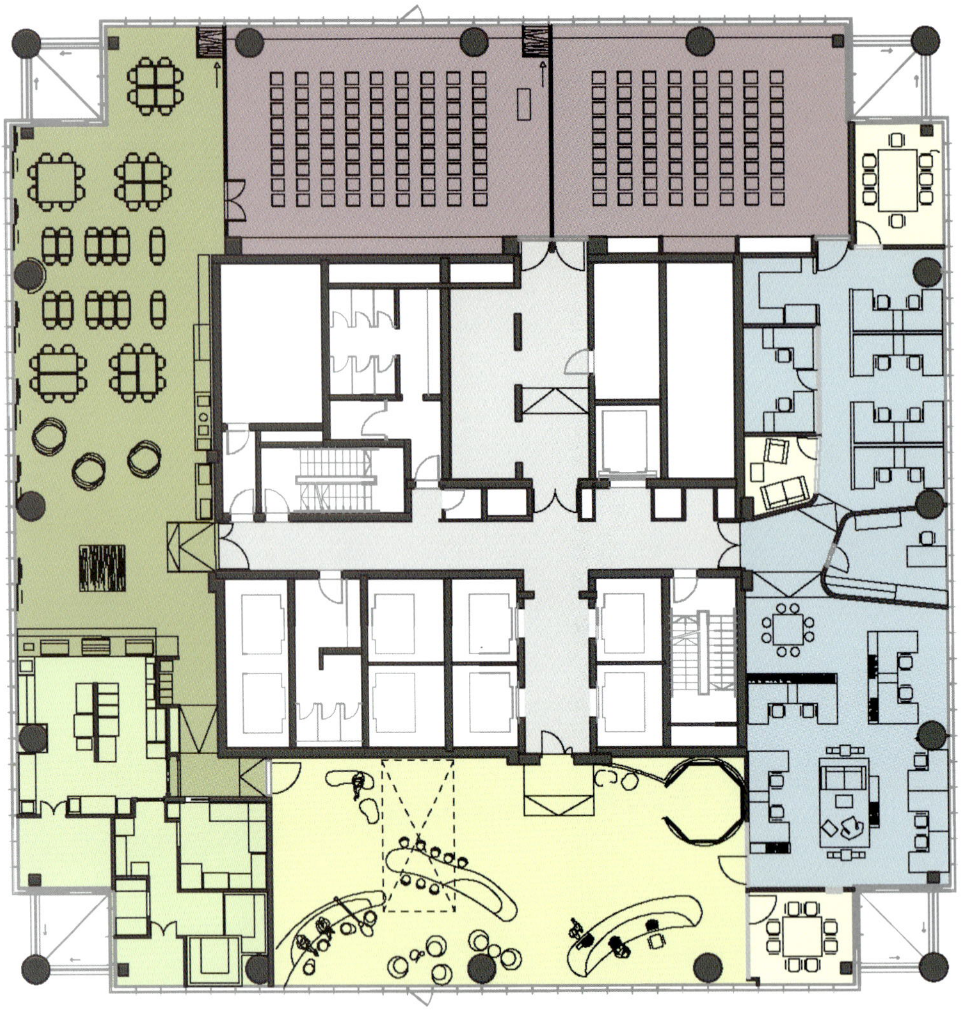

29th Floor Plan

구글 오피스, 텔아비브

구글은 이스라엘 텔아비브에 지속적으로 증가하는 엔지니어, 마케팅 팀을 위해 8,000㎡ 규모의 사무공간을 새로 개설하였다.

스위스 건축회사인 'Camenzind Evolution'을 중심으로 현지 건축회사인 'Setter Architects'와 'Studio Yaron Tal'과의 협업을 통해 설계하였으며, 텔아비브 도시 전경과 바다경관을 바라볼 수 있는 구글의 새로운 사무공간이 탄생하게 되었다.

협업과 아이디어의 공유를 위하여 50%가 넘는 공간이 직원들의 커뮤니케이션 공간으로 활용되었으며, 소통공간과 사무실은 명확히 분리되어 근로자의 집중력을 위한 근무환경을 조성하였다. 각 층은 이스라엘의 지역적 특성면에서 고려되어 다양한 테마를 사용하여 설계되었는데, 이때 사용된 테마는 구글 직원이 직접 선정한 것이기도 하다. 또한, 구글 텔아비브는 유대교 율법에 구애받지 않는 식당과, 유제품이나 고기를 선택할 수 있는 식당 등 3가지의 식당을 두고 있으며, 각각의 공간은 고유한 정체성을 바탕으로 디자인 되었다.

Designed by Swiss Design Team Camenzind Evolution, in collaboration with Israeli Design Teams Setter Architects and Studio Yaron Tal, the new Google office now occupies 8 floors in the prestigious Electra Tower in Central Tel Aviv, with breath taking views across the whole city and the sea.

It is a new milestone for Google in the development of innovative work environments: nearly 50% of all areas have been allocated to create communication landscapes, giving countless opportunities to employees to collaborate and communicate with other Googler's in a diverse environment that will serve all different requirements and needs.

Google Campus _London

Design Jump Studios_Shaun Fernandes, Markus Nonn
Client Google UK Ltd.
Location London, UK
Use Office
Area 2,300m²
Floor Marmoleum
Wall Chipboard, Steel, MDF, Fabric, Painting
Ceiling Exposed Ceiling Finish
Photo Gareth Gardner

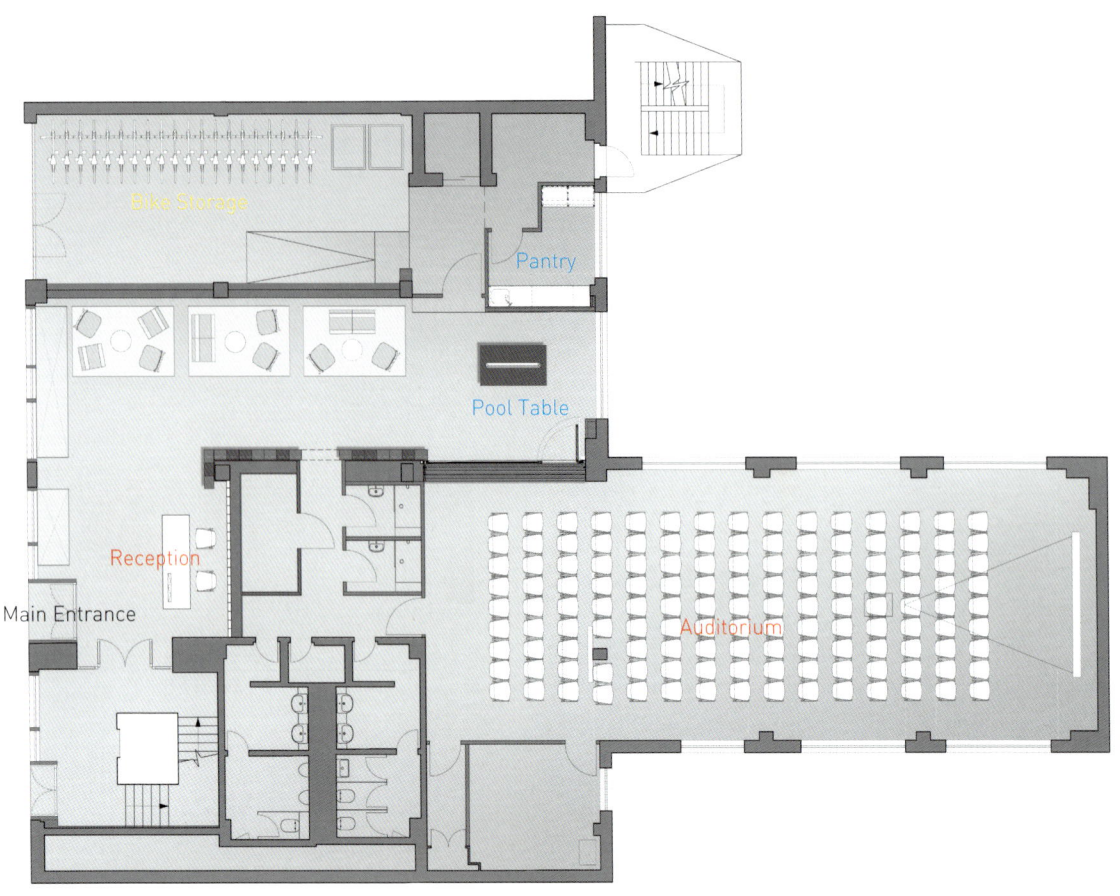

구글 캠퍼스

구글 캠퍼스는 런던 테크시티(Tech City) 중심부에 위치한 구글 영국의 업무 공간이다. 일곱 개의 층으로 이루어진 빌딩은 다양한 프로그램을 융통성 있게 수용할 수 있도록 개방적이고 역동적인 공간으로 디자인되었다. 리셉션 및 비공식적 회의 공간, 극장, 카페, 워크샵 공간이 지하 층, 지상 층과 연결되어 열린 공간을 만들어 작업간의 상호 작용이 원활하도록 했다.

건물의 5개 층에 자리 잡은 업무 공간은 다기능의 컨테이너를 포함하고 공동 책상과 회의 부스, 개인사물함, 재활용 공간, 잠시 휴식을 취할 수 있는 작은 주방을 가진다. 카페는 공간의 중심부에 위치하고 그 공간을 두 개의 영역으로 나눈다. 워크샵과 세미나를 위한 작업대는 공간의 전면부를 차지하고, 목재 창고 문 뒤의 하프 파이프 공간은 휴식을 취하거나 브레인스토밍을 하기 위한 조용한 분위기를 제공한다.

Google Campus is a seven storey co-working and event space in the centre of London's Tech City. The design challenge was to take an unprepossessing seven-storey office building and to create an interplay between dynamic, open, social spaces and more intimate working hubs, with flexibility to accommodate a shifting workforce and a diverse program of events.

Much of the architectural focus has been on opening up and connecting the ground and lower ground floors programmatically to play host to a series of socialized spaces, from reception and informal meeting areas to theatre, cafe and workshop spaces.

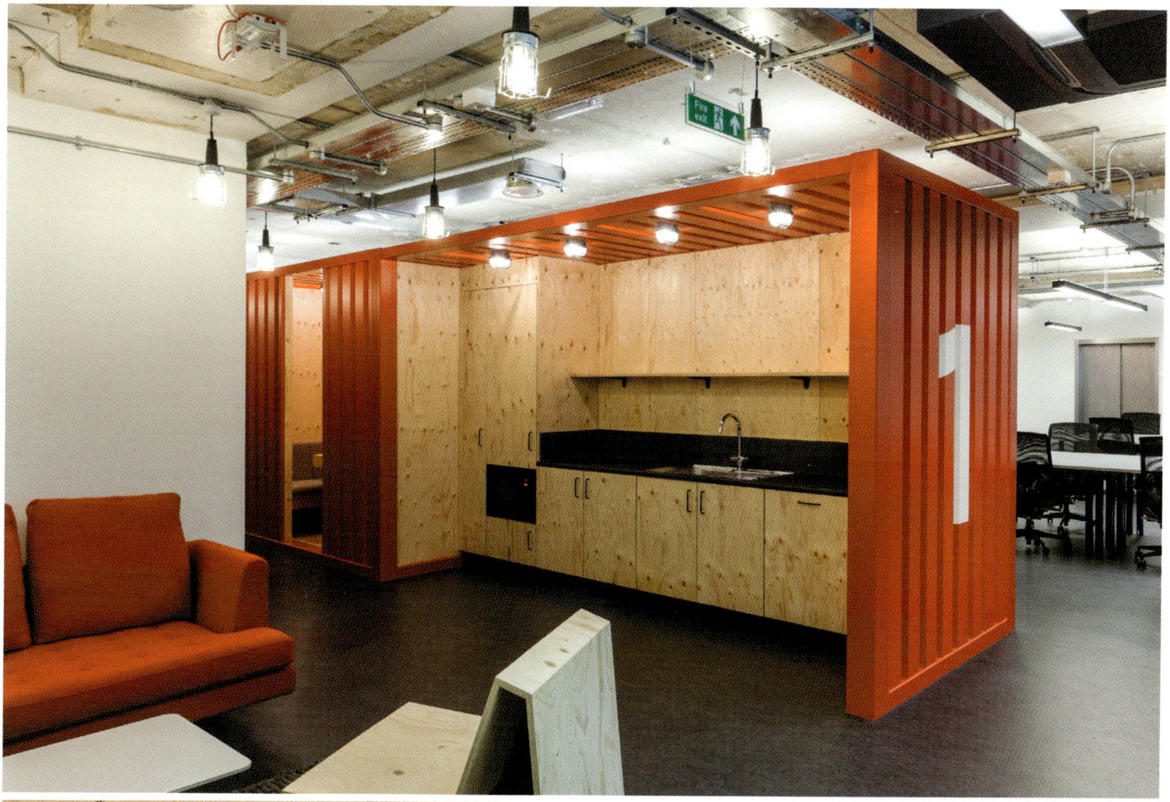
Fire
exit
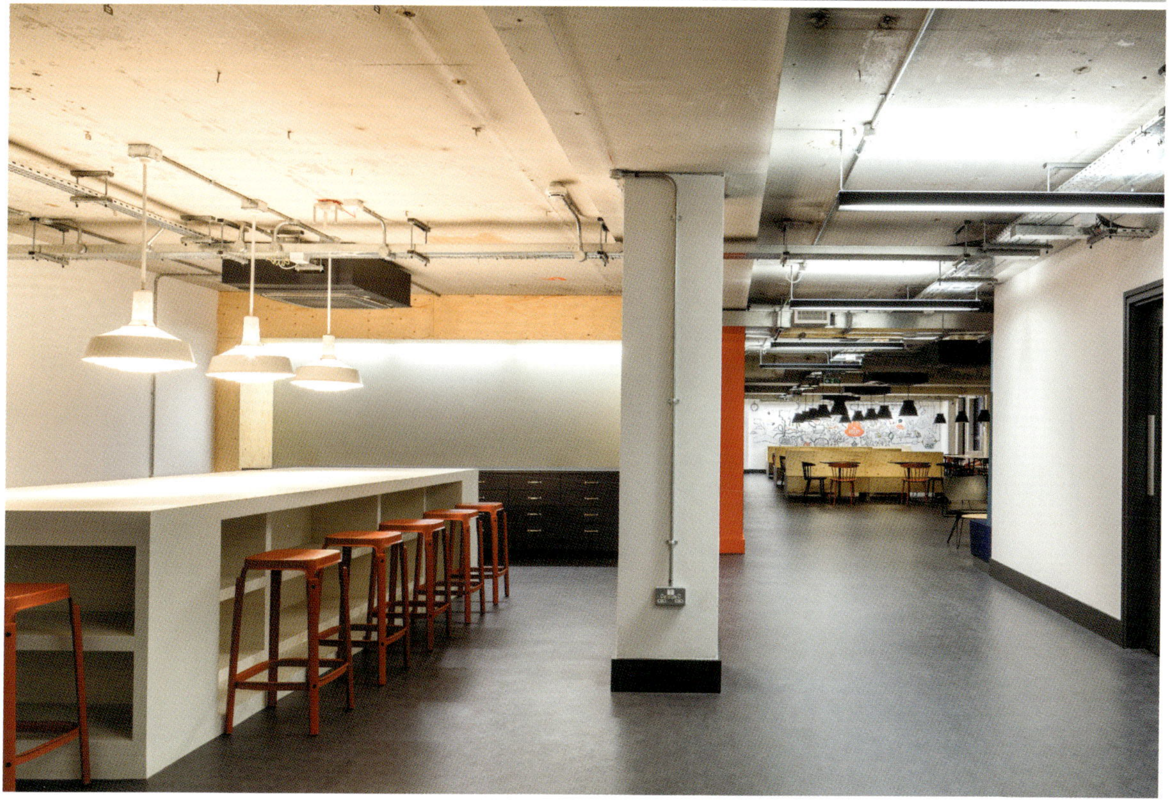

Google Office _ Tokyo

Design Klein Dytham architecture_Astrid Klein, Mark Dytham
Design Team Klein Dytham architecture_Yukinari Hisayama, Aureliusz Kowalczyk, Akiko Murakami, Makoto Yagishita
Construction Mori Building Co., LTD
Client Google Japan
Location Tokyo, Japan
Use Office
Floor Vinyl OA floor tile system, Carpet tiles
Wall Plasterboard with custom designed wallpaper
Ceiling Acoustic ceiling tiles, Plasterboard ceiling in communal areas
Photo Daici Ano, Koichi Torimura

©Koichi Torimura

45

구글 오피스, 도쿄

놀라운 것을 발명하는 구글의 야망을 반영하기 위해 KDA는 브레인 스토밍이나 일상대화, 업무 사이 쉬는 시간에 가볍게 돌아다니는 재미있고 영감을 주는 공간을 모색하였다. 작업의 고단함과 단순하게 내거는 것이나 즉흥적인 잡담 등 브레인 스토밍을 위하여 영감을 주는 직장으로서 재미있게 창조하려고 하였다. 이 공간들은 각각의 독특한 테마 공간의 연속으로 카페 공간은 세차장에서 사용하는 큰 솔로 뒤덮여 있고 프리젠테이션 공간은 일본의 전통 동네 목욕탕의 이미지에서 만들었다.

컬러와 문화적 이미지가 방향을 찾는 데 도움이 되었다. KDA는 다양한 공간으로 나누고, 생생한 질감과 독특한 캐릭터를 제공하는 대담한 그래픽으로 마감하여 각각의 공간에 구별되는 특징을 주었다. 동선은 도쿄 주거 지역의 꾸불꾸불한 골목길을 제안하여 블록 벽으로 만들었다. 벽 그래픽은 일본의 목조건축이 상기되는 디자인을 하였으며, 벽지 패턴은 독창적인 구글 아이콘을 재치있게 통합하였다.

Reflecting Google's ambition to invent amazing things, KDa sought to create a fun, inspiring workplace with places for brainstorming, casual chats, or simply to hang out between bursts of work. These include a series of spaces each with a unique theme-a 'hairy' blue cafe space clad in the huge brushes used in carwashes, and a presentation space created in the image of a traditional Japanese neighbourhood bathhouse.

Colour and cultural imagery is used to help with wayfinding. KDa divided the interior into various zones and employed vivid textures and bold graphics to give each area a distinct character. Circulation routes were defined by block walls to suggest the winding lanes of Tokyo's residential areas, wall graphics were designed to recall Japan's timber architecture, and wallpaper patterns cleverly incorporate Google icons.

©Koichi Torimura

©Daici Ano

47

©Koichi Torimura

©Koichi Torimura

©Daici Ano

An office space being away from an organizational up/down structure has appeared. An office space looking like an exhibition place as well as a house rather than an office space appears and provides office workers with a comfort. This is a simple and comfortable office space of refined design for those who have a great deal of personal work and should create results through comfortable communications.

Purified

Zimmer Biomet

Design Story in design_Yi Katie Eunsu
Design Team Story in design_Lim Guiyoung, Khwak Sunyoung, Na Kanghyun
Construction Story in design_Oh Giljun, Shin Leesuel
Client Zimmer Biomet
Location 98, Hannam-daero, Yongsan-gu, Seoul, Korea
Use Office
Area 1,692m²
Floor Carpet, Tile, Wood flooring
Wall Wall covering, Tile, Painting, Backpainted glass
Ceiling Painting, Brisol, Acoustic panel
Photo MARU_James Jeong

04

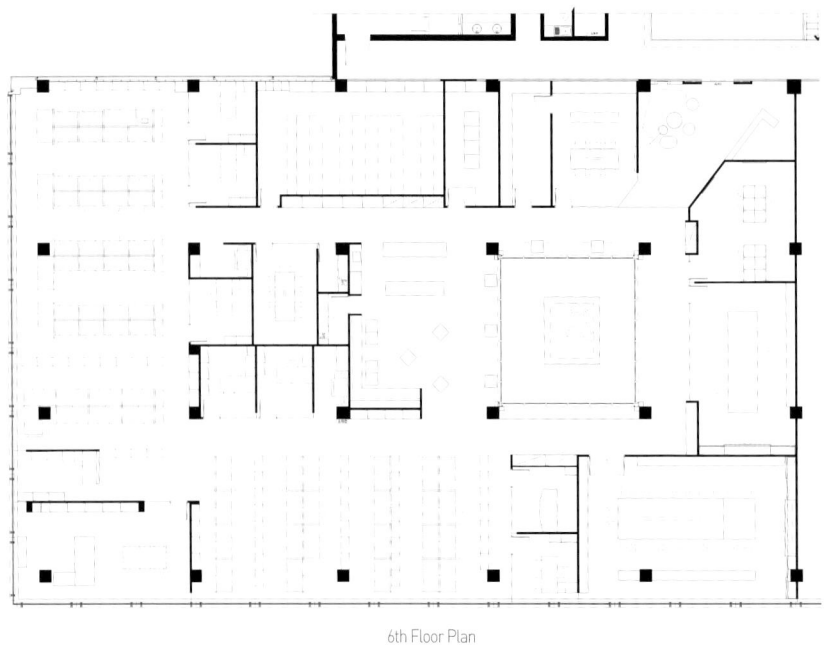

6th Floor Plan

짐머 바이오메트

한남동의 뷰가 한눈에 내려다 보이는 훌륭한 위치에 자리 잡은 짐머 바이오메트의 새로운 공간은 건축 자체가 가지고 있는 빛과 뷰를 모두가 나눌 수 있도록 개방성과 업무 공간으로서의 효율성에 집중하였다.

리셉션 부분에는 짐머 바이오메트의 메인 컬러인 블루를 포인트월 컬러로 사용하고 조형적인 카운터 디자인으로 짐머 바이오메트의 브랜드 이미지 공간으로 조성하였다. 입구에 들어서면 있는 중정에는 빛과 나무들이 오피스의 분위기를 신선하게 하며 복도를 따라 걷다 보면 나오는 Z lounge에서 커피 한잔과 함께 책을 읽으며 쉴 수 있는 공간을 배치하여 지친 업무 속에 작은 휴식을 선물할 수 있도록 직원들의 마음을 배려하였다.

중앙에 위치한 중정을 중심으로 실들을 배치해 어느 곳에서도 잠시나마 자연의 푸르름을 누구나 느낄 수 있게 하였다. 빛이 있는 오피스의 장점을 최대한 살려 장식을 줄이고 심플한 투명글라스와 편안한 우드소재를 포인트로 내추럴한 공간을 연출하였다.

The new space of Zimmer Biomet, which is located in a great place that has the whole view of Hannamdong, focused on openness that shares light and views of the building and effectiveness as working space.

In the reception area, blue, the main color of Zimmer Biomet, was used as the point wall color and with formative counter design, the area was made as the space for brand image of Zimmer Biomet. Entering through the entrance light and trees in the courtyard refresh the atmosphere of the office, and walking through the hallway, you can find Z lounge, the area where you can have coffee and read books. These elements presents small resting place that can console the exhausted workers.

By arranging rooms around the courtyard located in the center, it was made possible to enjoy the fresh nature from anywhere. To maximize the advantage of office that has light, decoration was reduced and natural space was created with the highlight of simple, clear glass and comfortable wood material.

Attraction Media

그룹 어트랙션 미디어

그룹 어트랙션 미디어(Group Attraction Media)는 각 부서의 정체성을 드러내기 보다는 전체적으로 통일성을 가진 공간으로 계획했다. 도시 경관에서 영감을 받아 이웃, 광장, 거리, 전망을 갖춘 소규모 도시를 표현했다. 부서는 이웃이 되어 각각의 디자인과 색상코드를 가지며, 도시의 광장을 연상케 하는 중앙을 중심으로 배치되었다. 중앙에 배치된 식당은 6개의 부서로 둘러싸여 직원들에게 소통과 휴식의 공간으로 활용된다.

The project consisted in relocating the offices of Groupe Attraction Media and regrouping the following divisions of the company under one roof without dissipating their respective identities.
The project covered an area of 37,000 square feet. Inspired by urban landscapes, the chosen concept saw the office transform into a small-scale city, complete with neighbourhoods, plazas, streets and perspectives. The various divisions of Groupe Attraction Media were transformed into so-called neighbourhoods, each boasting its own design and colour code. Every office is located near a large central space (reminiscent of a public plaza in the city). A bistro in the heart of this space welcomes employees working in the six surrounding offices. The design of each space was inspired by the activities of the division it houses.

Design Story in design_Yi Katie Eunsu
Client Attraction Media
Construction Direction Chantier Inc.
Location 5455 de Gaspe, Montreal, Quebec, Canada
Use Commercial (Office)
Area 40,000m²
Photo Sid Lee Architecture

05

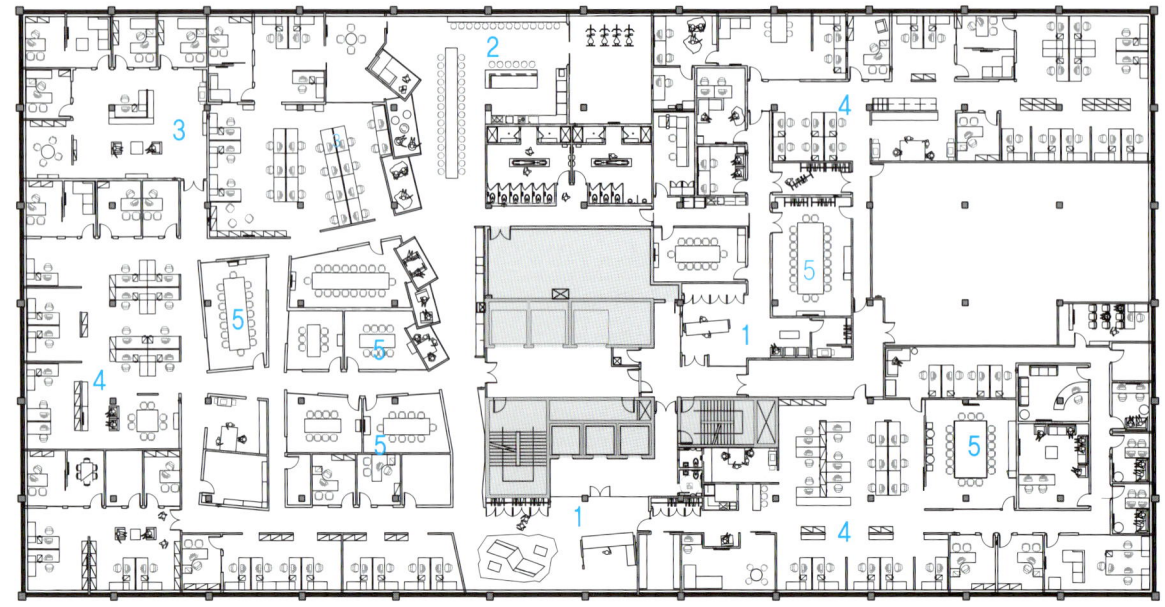

1. Reception
2. Cafeteria
3. Lounge
4. Office
5. Conference Room

Connekt's Offices

Design Connekt Interior
Design Team ATELIERS_Patricia Hessing, Ifke Brunings, Jasper Westebring
Construction HdB Meubeldesign
Location Delft, the Netherlands
Use Office, conference and meeting space
Area 800m²
Floor Cement based seamless floor, Painted plaster, Wood (upstairs)
Ceiling Glass (Conference area), Perforated stainless steel acoustic ceilings (Ground floor, Office area)

06

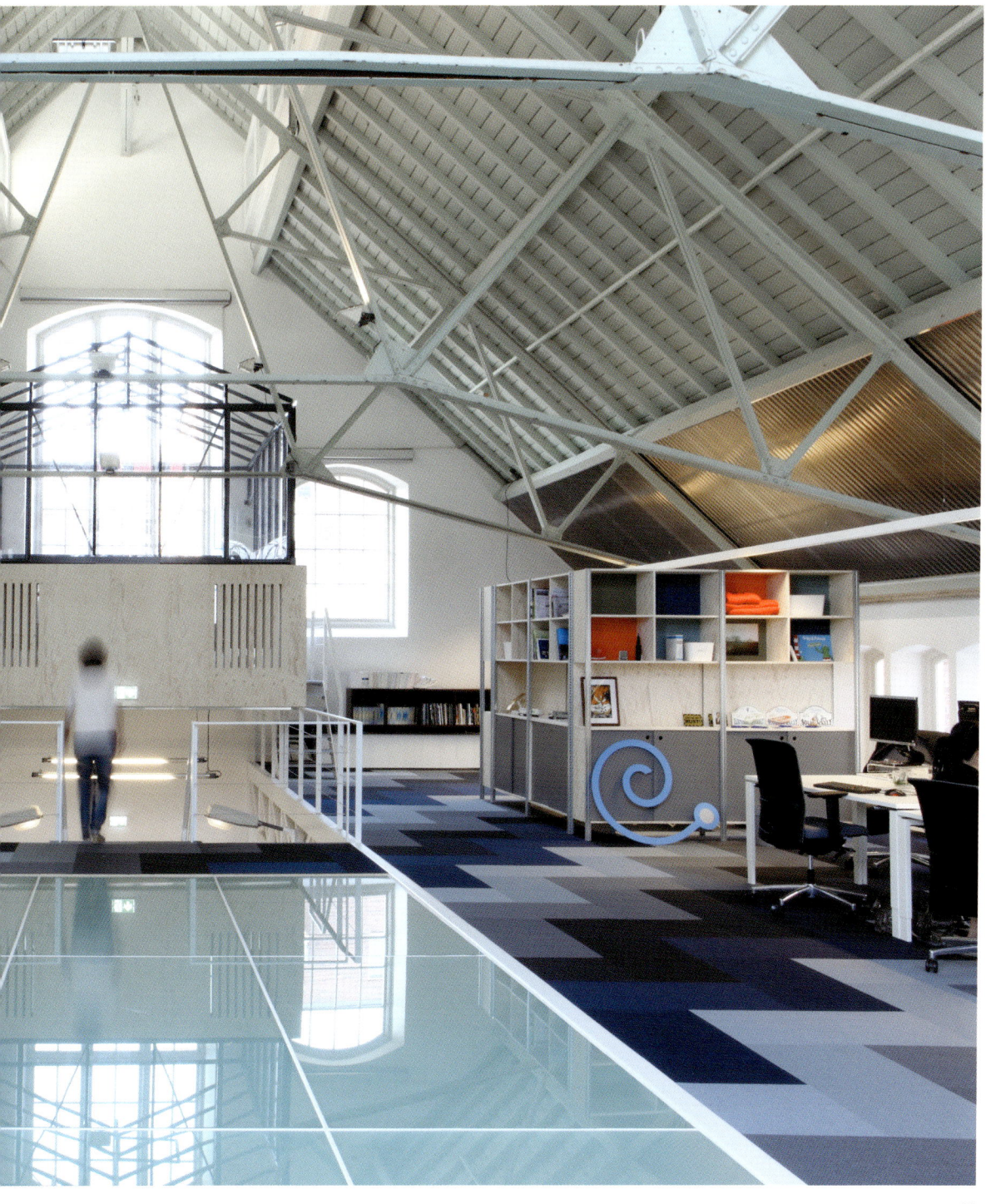

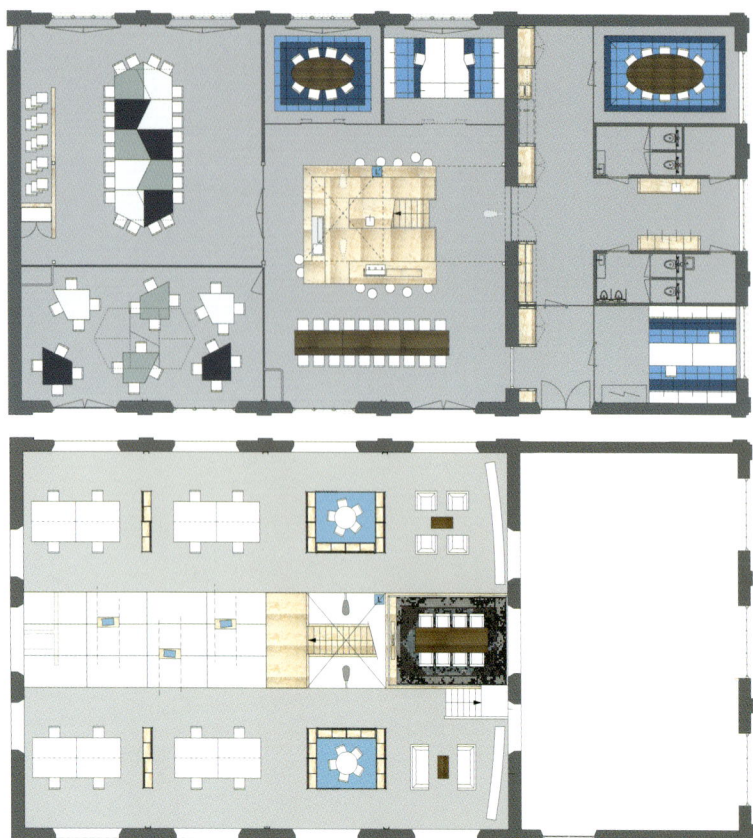

Floor Plan

코넥트 오피스

전에는 델프트 기술 대학교의 보일러실이었고 나중에는 기술 박물관으로 사용되었던 아뜰리에는 현재 뛰어난 사무실이 되었으며 코넥트 네트워크 회원들의 모임 장소가 되었다. 코넥트는 독자적인 플랫폼으로 모든 당국들과 지식 기관들 그리고 산업 부문들이 지속 가능한 공간을 제공한다. 이를 위해서는 모든 당사자들이 서로 만날 수 있어야 한다. 코넥트 카페에서 직원들은 홈 메이드 라떼 마키아토를 마시면서 하루 일과를 시작할 수 있다. 네트워크 회원들은 서로 만나 함께 일하면서 네덜란드의 이동성을 향상시키는 작업을 할 수 있다. 종종 학회가 열리기도 하는데, 코넥트 카페는 다양한 먹거리를 제공한다. 학회가 열리는 공간에는 고객 맞춤형 사다리꼴 책상들이 준비되어 있다. 이 책상들은 참석 인원과 용도에 맞게 다양한 형태로 배열될 수 있다. 책상 다리 밑에는 바퀴가 달려있어서 다루기도 쉽다.

In the characteristic former boiler house of the Delft University of Technology, later in use as Techniek Museum (restored to its original brilliance by Cepezed architects), ATELIERS have realized a striking office and a welcoming meeting place for the members of the Connekt network organization. Connekt is an independent platform that offers space to all authorities, knowledge institutions and the industrial sector to facilitate sustainable and reliable mobility. This requires making it possible for all of these parties to meet one another. In the Connekt cafe the employees can start their day with a home-made latte macchiato. During the day members of the network can meet and work together to improve mobility in the Netherlands. Conferences are organized frequently; the Connekt cafe caters to all needs. The conference spaces are fitted out with custom-made trapezium tables. These tables puzzle together to various constellations, fit for conferences of different sizes, rows, or separate use. Wheels underneath 2 of the legs guarantee easy handling.

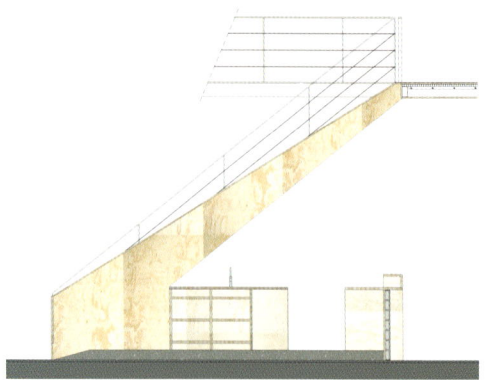
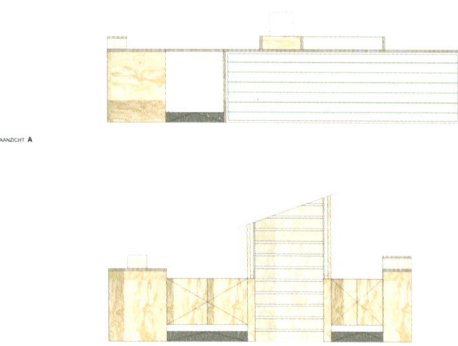

AANZICHT A

AANZICHT B

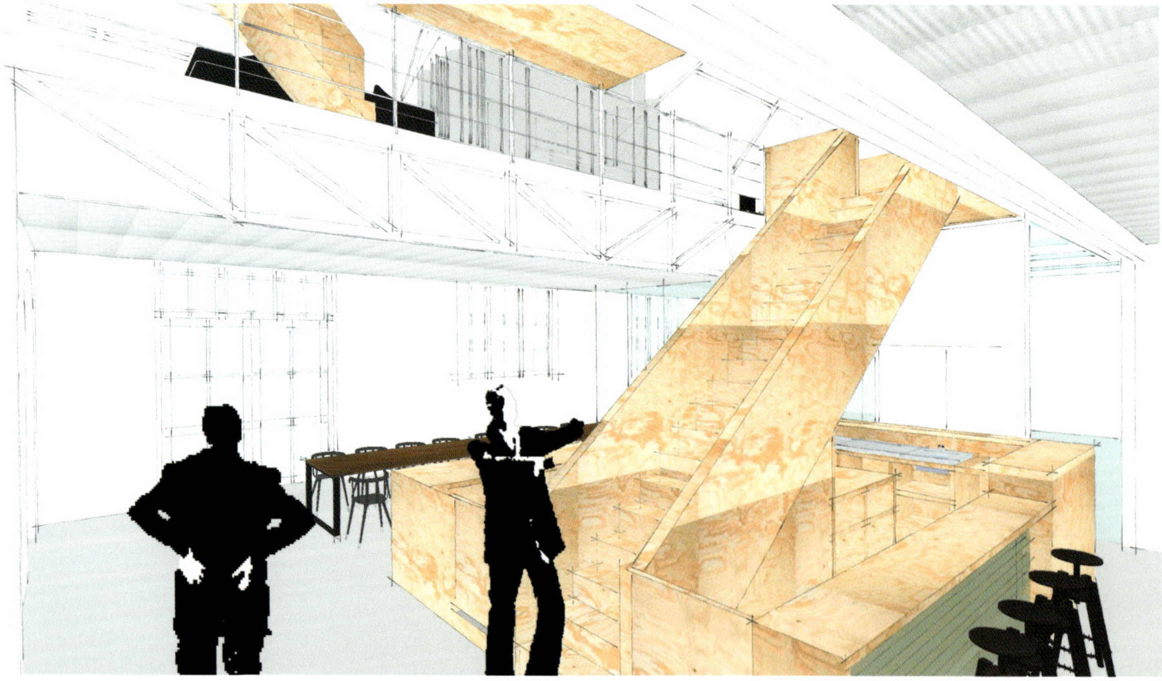

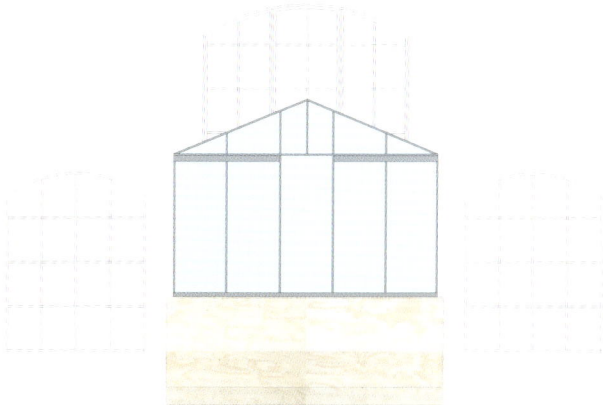

Greenhouse in front of windows

(un)curtain office

Design dekleva gregoric architects
Design Team Aljosa Dekleva, Tina Gregoric, Lea Kovic, Vid Zabel, Naia Sinde
Location Ljubljana, Slovenia
Use Office
Area 350m²
Photo Janez Marolt

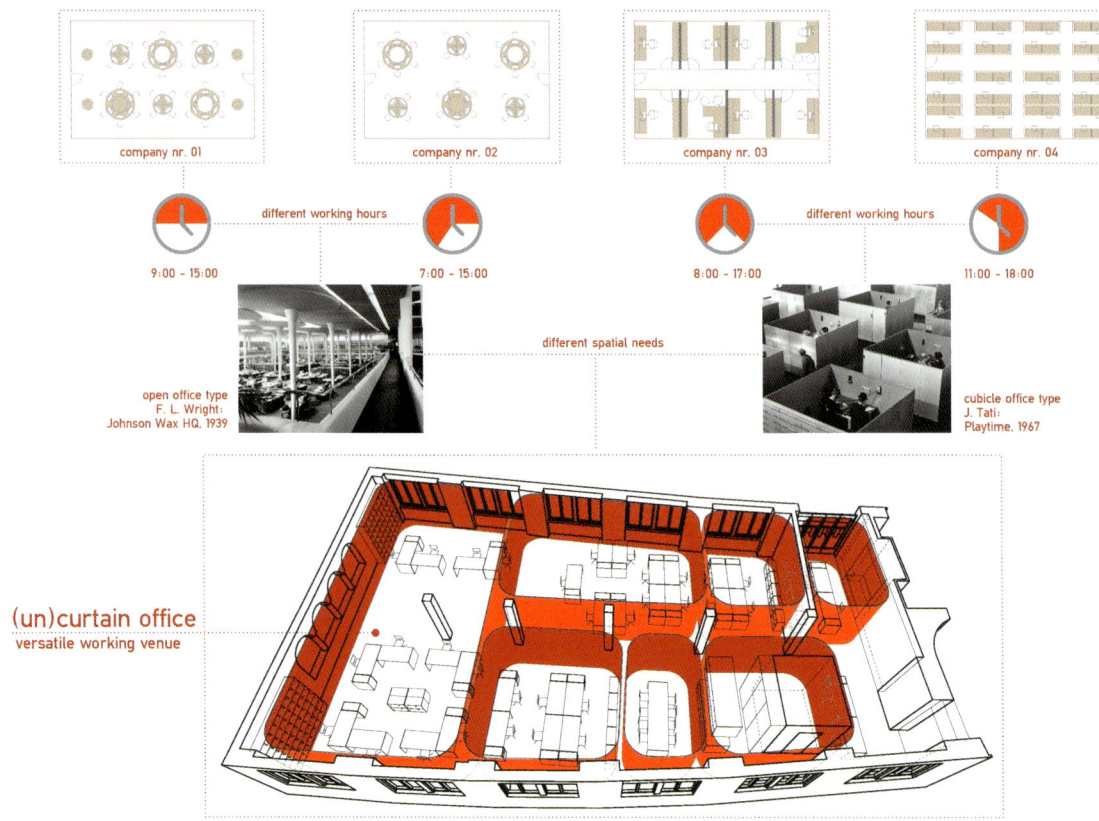

(언)커튼 오피스

오늘날 비즈니스 공동체는 역동적이고 충동적이며 다양하게 움직인다. 사무실 환경들은 실무 그룹들의 끝없는 조직 변경에, 그들의 생산 과정에, 그리고 인간의 편리성 및 기술 개발 필요성에 반드시 부응해야 한다.

(언)커튼 오피스는 사전에 공간이 분할되지 않은 작업 공간이다. 작업 환경 환경들과 공간들을 구성하기 위해 커튼 시스템 공간을 사용했다. 이렇게 함으로써 공간을 이용할 수 있는 수많은 시나리오들이 가능해졌다. 단 몇 초 만에, 큰 회의용 탁자가 있는 회의실이 작은 도서관과 부엌이 마련된 식당으로 바뀔 수 있다. 또, 중앙 복도 주변으로 배치되어 있는 별도의 오피스들은 공동 작업이나 사회적 사건, 또는 심지어 단기간 임시 상점을 열기에 적합한 공동 개방 공간으로 쉽게 합쳐질 수 있다.

The business community today operates dynamically, impulsively and diversely. Office environments must respond to the constant changes in working groups' organizations, to their production processes and to the needs for personal comfort and technology development.

(un)curtain office is a working space with no predetermined fixed spatial partitioning. For the organisation of the working environments and spaces a system of curtains was used. That allows for countless scenarios of operation and appearance of the space. In a few seconds a meeting room with a large table for discussion can turn into a dining room with a mini library and a kitchen. In the next moment the separated offices, arranged around the central corridor, can smoothly merge into a common open space, suitable for collective work, a social event or even a pop-up store.

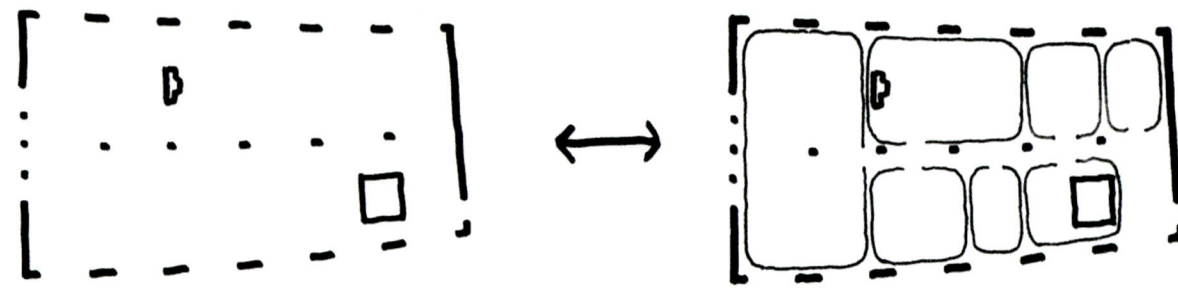

PREVIASUNDHED

Design Rosan Bosch & Rune Fjord
Client Previa Sundhed
Contact at Designer's office Frida Ulrik-Petersen
Location Copenhagen, Denmark
Size 400m²
Materials Laminated Wood, Wallnut, Wallpaper, Laminating Film
Photo Laura Stamer

건강 기업인 PreviaSundhed는 행복한 직원들이 일하는 건강한 작업 환경과 한층 개선된 작업 환경과 개인의 증진된 건강을 위해 다른 조직 및 기업들과 협력하여 시설들을 조성하려고 애를 쓴다.
현재 PreviaSundhed는 자신의 직원들을 위한 건강하고 고무적인 환경을 조성하기 위해 힘쓰고 있다. 그러한 연결에서 Rosan Bosch는 코펜하겐에 위치한 PreviaSundhed의 새로운 사무실의 실내 디자인을 창조하고 물리적인 디자인이 매일 사무실의 건강과 복지를 위한 중요한 도구가 되는 작업 환경을 조성하였다.
PreviaSundhed의 새 사무실 설계는 특별한 그림과 생생한 컬러가 특별한 느낌을 불러 일으키고 친화적이고 수용적인 공간을 창조하는 반면 밝고 개방적이다.

The health enterprise PreviaSundhed strives to create healthy working environments with happy employees, and facilitates in cooperation with the different organisations and enterprises the creation of better working environment and greater health for the individual Now, PreviaSundhed has picked up the gauntlet to create a healthy and stimulating working environment for their own employees. In that connection, Rosan Bosch has created an interior design for PreviaSundhed's new offices in Copenhagen and has created a working environment where the physical design is an important tool for health and well-being in the everyday at the office.
The design for PreviaSundhed's new offices is light and open while distinctive graphic prints and lively colours create a special feeling and identity in the friendly and accommodating space.

Results of work requested by the society are changing. Seen but untouched results beyond work simply derived from quantity, i.e. ideas and trends are born as well. A space where office workers can do open thinking and an office space of innovative design to produce prominent ideas appear.

Creative

LEGO PMD

Design Rosan Bosch & Rune Fjord
Location Billund, Denmark
Size 2,000m²
Contact at Designer's office Kasper Kloch
Materials Polyurethane Floor, Carpet, Dry Wall, Acoustic Bats w. Graphic Print, Glass Partition Walls, Acoustic Ceiling, Furniture
Client LEGO Group
Photo Anders Sune Berg

Ground Floor Plan

1st Floor Plan

LEGO PMD

LEGO PMD의 새 디자인은 디자이너들이 공동 작업을 가능하게 한다. 비공식적인 모임이 사회적 상호 작용과 정보 교환의 장이 되는 1층이나 방 한복판의 열린 공간에서 역동적인 흐름을 창조한다. 측면에는 집중된 작업을 위한 방들이 있고 연단과 디자이너들끼리 서로 자신의 작업을 보여줄 기회를 제공하고 부서간에 지식과 아이디어를 공유하기 쉽도록 탑 모형의 특별히 전시회를 위한 용도로 계획된 방이 있다. 노란색 테이블 바가 있는 펀 구역은 휴식과 사뢰적 상호 작용을 위한 방으로 조성되고 어린이들을 위한 건물 탁자 수는 LEGO의 최연소 직원들이 최신 모델과 제품들을 시험하게 허용한다. 새 LEGO PMD는 디자이너와 어린이들 모두 자유로운 상상력이 지배하는 세계이다.

The new design of LEGO PMD makes it possible for the designers to work closer together. At ground floor, the open space at the centre of the room creates a dynamic flow where informal meeting places create a setting for social interaction and exchange of information. Towards the sides, there is room for concentrated work, and specially designed means of exhibition such as the show-off podiums and the model towers give the designers a chance to display their work to each other, facilitating the sharing of knowledge and ideas across the department. A Fun Zone with a yellow table bar creates room for relaxation and social interaction,

where a number of building tables for children make it possible for LEGO's oungest employees to test the newest models and products. The new LEGO PMD is the children's universe where imagination reins free for children and designer alike!

Apos2

Design Sinato_Chikara Ohno
Location Nagoya Japan
Photo Takumi Ota

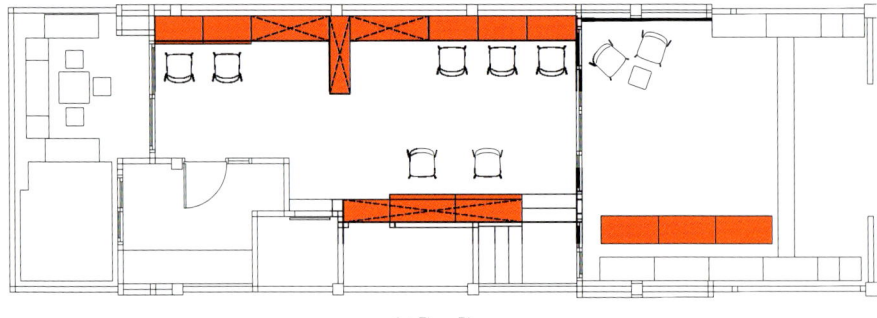

1st Floor Plan

아포스2

선명한 3원색이 디자인의 핵심으로 사용되었다. 빨강, 파랑, 노랑의 3원색이 스팩트럼 계단 별로 각 층의 링크 및 자동 타이포그래피에 표시되고 설계 철학을 설명하는 재미있는 픽토그램이 벽에 그려져 있다. "아포저"라는 이름을 가진 거대한 마스코트를 비추면 양쪽에 별도로 거대한 똥보가 나타난다. 왼쪽에는 각기 다른 캐릭터들과 얼굴로 형형색색의 수많은 사탕으로 채워진 반면 다른 쪽은 통일과 일의 목표에 대한 야망을 나타내는 "아포저"라는 단어로부터 구성된 해골, 입, 창자, 골 및 심장 등과 같은 내장 기관을 보여준다. 이 우스꽝스럽지만 의미 있는 "아포저"는 수직 공간을 2층과 3층 사이의 이중 벽에 연결하는 것으로 나타났다. 다음 3개 부분으로 공간 계획을 분류할 수 있다.

1. 1단계 –입구에는 빨간 벽에 복고풍의 네온사인이 비친다. 그리고 2층은 간부 또는 손님용 리셉션 홀 및 카페가 디자인되어 있다. 천정 쪽의 철제 캐비닛 바로 아래 벽을 따라 의자들과 긴 책상들이 놓여 있다. 빨간색은 가장 힘이 있고 더운 톤의 칼라이므로 손님의 기운을 북고우고 자극하고, 직원들로 하여금 1단계에서 열정을 표시하도록 하기 위해 사용된다.

2. 전진 – 2층은 "아포저"룸이라 부르는 업무 공간으로 설계되었다. 파란색으로 구성된 이 공간은 조용하고 평온하며 안정된 느낌을 준다. 여기는 공개된 기획 사무실이며 모든 업무용 책상들은 서로 마주보도록 되어 있어 언제라도 토론이 가능하다. "팀에 나는 없다. 단지 승리만 있을 뿐"이라는 거대한 활자체가 벽면에 뚜렷이 걸려 있어 모든 직원들로 하여금 자존심을 버리고 문제나 갈등을 풀기 위해 협력하고 협의할 것을 강조하고 있다.

3. 계속 – 3층은 마지막 층이지만 일의 마지막은 아니다. 이 층은 소위 "브레인 스토밍룸"으로서 사장실이다. 이 방은 밝은 노란색을 이용하여 공간을 좀 밝게 하고 신입 사원에서 경영진에 이르기까지 업무 개발을 촉진하도록 활자체는 물론 창의적인 사고에 불을 붙인다.

Vivid primary color have been used as a core of design, consisting of 3 pure colors red, blue and yellow have been mark in each level link by a spectrum staircase as well as free hand Typographic and playful Pictogram which illustrate about design philosophy has been placed on the wall. Spotting to a giant mascot name "Aposer" figure as a fat man with has 2 sides separately. On the left side, it is fulfilled with numerous colorful candy with different characters and face while another side showed the internal organs such as the skeleton, mouth, intestine, brain and heart those are composing from the word "Aposer" which represent unity and ambition to the goal of work. This humorous meaningful "Aposer" was figured to link the vertical space on a double height wall at the landing between 2nd and 3rd floor. For the space planing, we can catagorized into 3 part as following.

1. First Step - The retro neon sign has been placed on a hot red wall at the entrance. Then, entering to the first floor area has been design to be a reception hall and cafe for whether officer or guest.

2. Keep Going - the second floor has been designed for working area called "Aposer Room", marked by a blue, to make this space is calm, tranquility and stable.

3. To be Continue - whereas the third floor is the last level but is not the last of work, this floor has been realized for "Brain Storming Room" and executive room.

THE DOOR
TO THOSE

3rd FLOOR
2nd FLOOR
1st FLOOR

TODAY
IN
ARE
YOU
STRUGGLE
THE

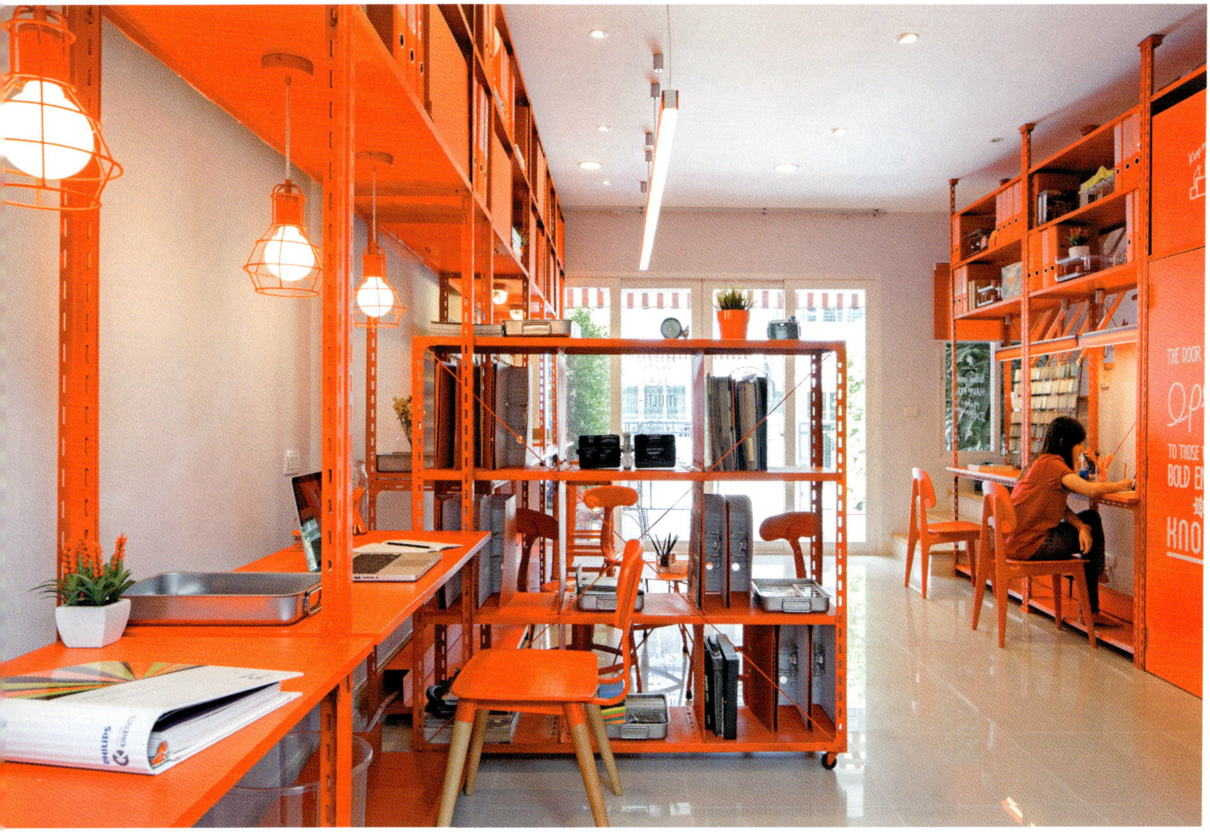

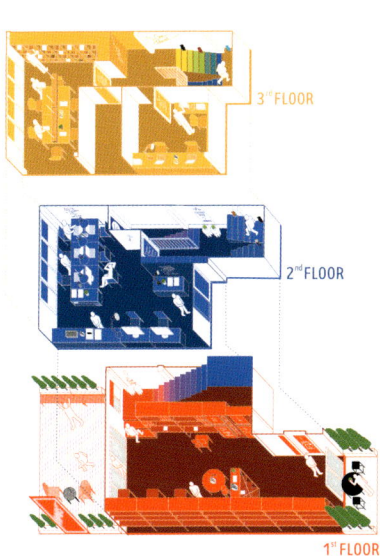

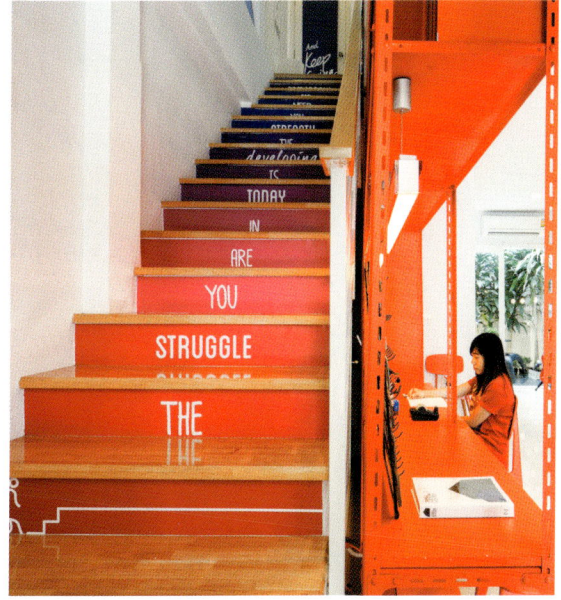

Together
Every one
Achieves
More

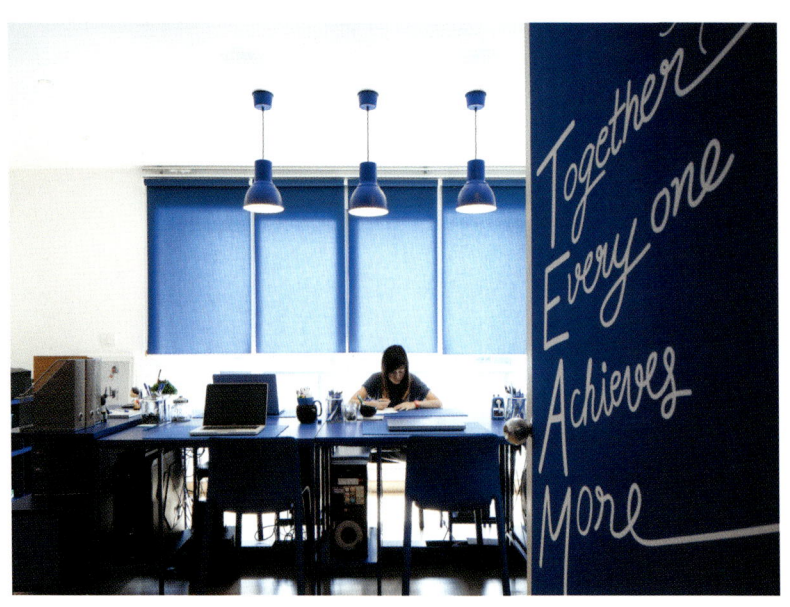

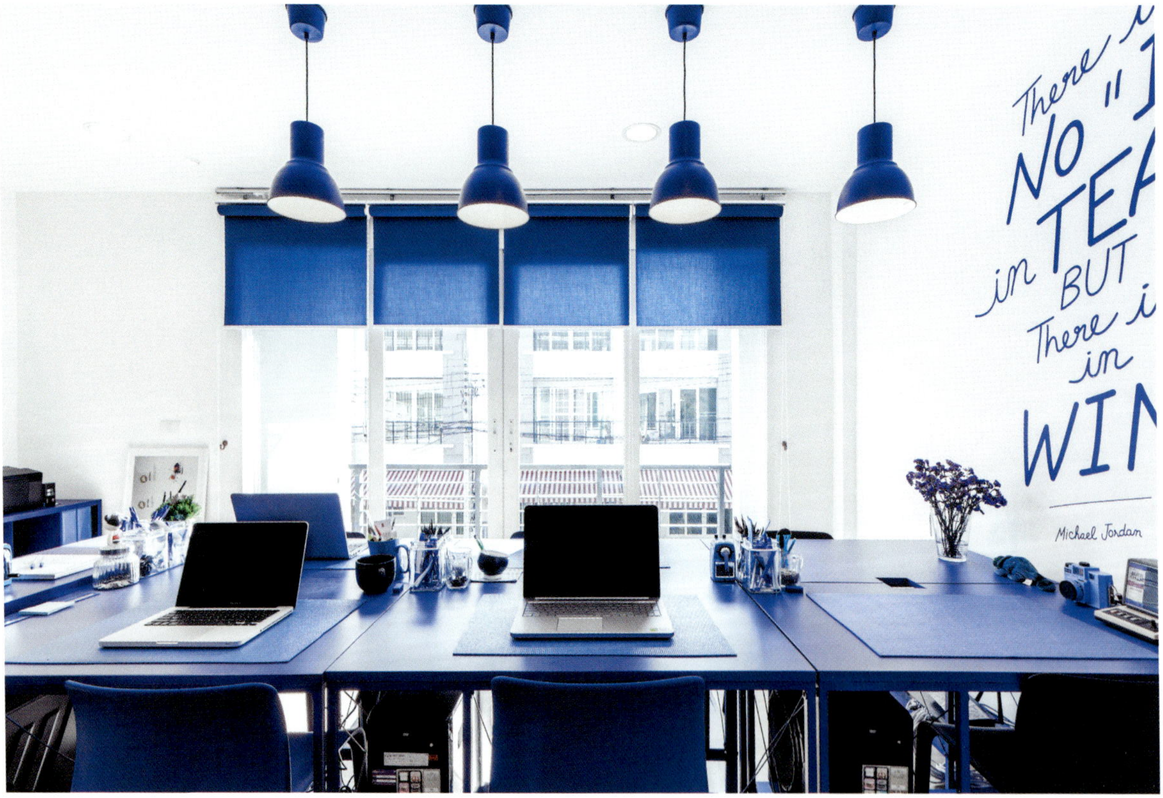
There
NO "I
in TEA
BUT
There i
in
WIN
Michael Jordan

YOU will Get There

Aposer
APPS
YOU will Get There

GOOD DESIGN goes to HEAVEN

And Keep Going

WHAT TO DO
TO LOVE
IS
GREAT WORK
TO DO
The only way

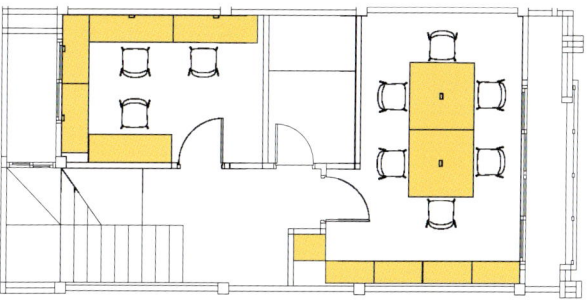

3rd Floor Plan

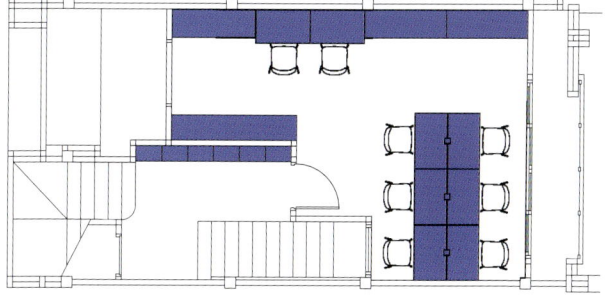

2nd Floor Plan

107

Pillar Grove

Design MAMIYA SHINICHI DESIGN STUDIO
Design Team Shinichi Mamiya + Rintaro Kakeno
Structural Engineer Tatsumi Terado
Construction MAMIYA Co., Ltd.
Location Aichi Pref., Japan
Use Office
Area 250.02m²
Floor Fiber-reinforced cement board
Wall Mortar, Wall paper
Ceiling Fiber-reinforced cement board, Hard cement wood chip board
Photo Toshiyuki Yano

필라 그로브

본 프로젝트를 진행하는데 유의해야 할 점은 다음과 같았는데, 우리 회사의 앞으로의 발전에 중요한 역할을 하도록 참신한 공간 이미지를 창출하는 것과 직원들 간의 소통을 원활하게 하기, 그리고 목재 구조물의 가능성을 알아보는 것이었다.

다음 사항들을 고려해 시공을 계획했다. 첫째, 기둥 위치와 관련하여 30개의 기둥을 해시태그 방식으로 배치함으로써 벽 안 쪽에 하중이 실리지 않는 구조물을 만드는 것이다. 둘째는 슬라브와 관련하여 슬라브들을 자유롭게 배치함으로써 높이를 다르게 만들어 직원들이 자신들에게 맞는 사무 공간을 선택할 수 있게 하는 것이다. 셋째는 외장과 관련하여 크기가 같은 구멍들이 사방 벽들을 덮어 건물 정면에 고전적인 분위기를 부여하고 오래된 느낌을 주는 것이다. 이 모든 요소들이 어우러져 의도적으로 설계된 공간을 만들어내면서 의도하지 않았던 놀라운 기능성을 갖추게 되었다.

The following points were focused on to carry out the project: Creating the image of a fresh space that will play a key role in our company's future development. Encouraging rich communication between the staff. Exploring the possibilities of a wooden structure.

The construction was planned with the following considerations in mind: Firstly, concerning the placement of pillars, 30 pillars were placed in a hash-tag layout allowing the creation of a structure that has no load bearing walls inside. Secondly, with regard to the slabs, free-arrangement of the slabs produced differences in height allowing the staff to choose their own custom spaces in the office. Thirdly, regarding the exterior, same-sized openings cover all four walls and give a classic look to the main facade, and provide it with the impression of durability. All of these elements came together to create an intentionally designed space that could bear unintended and surprising forms of functionality.

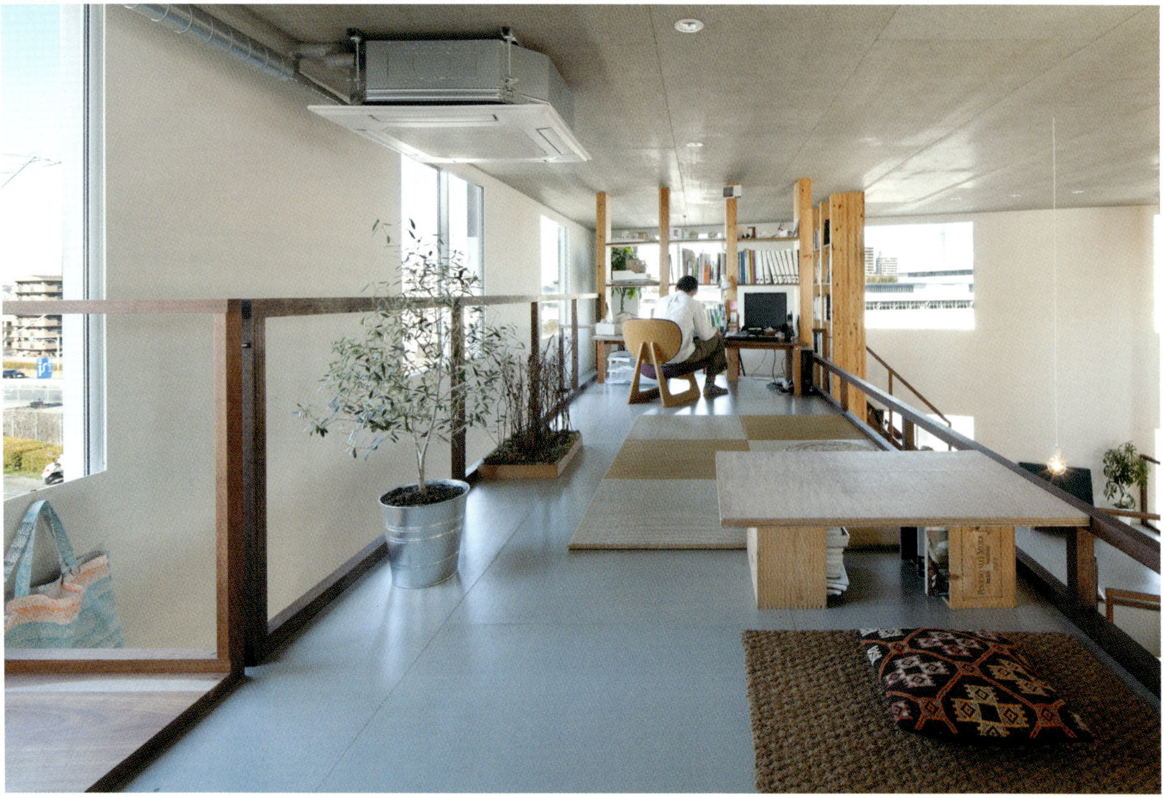

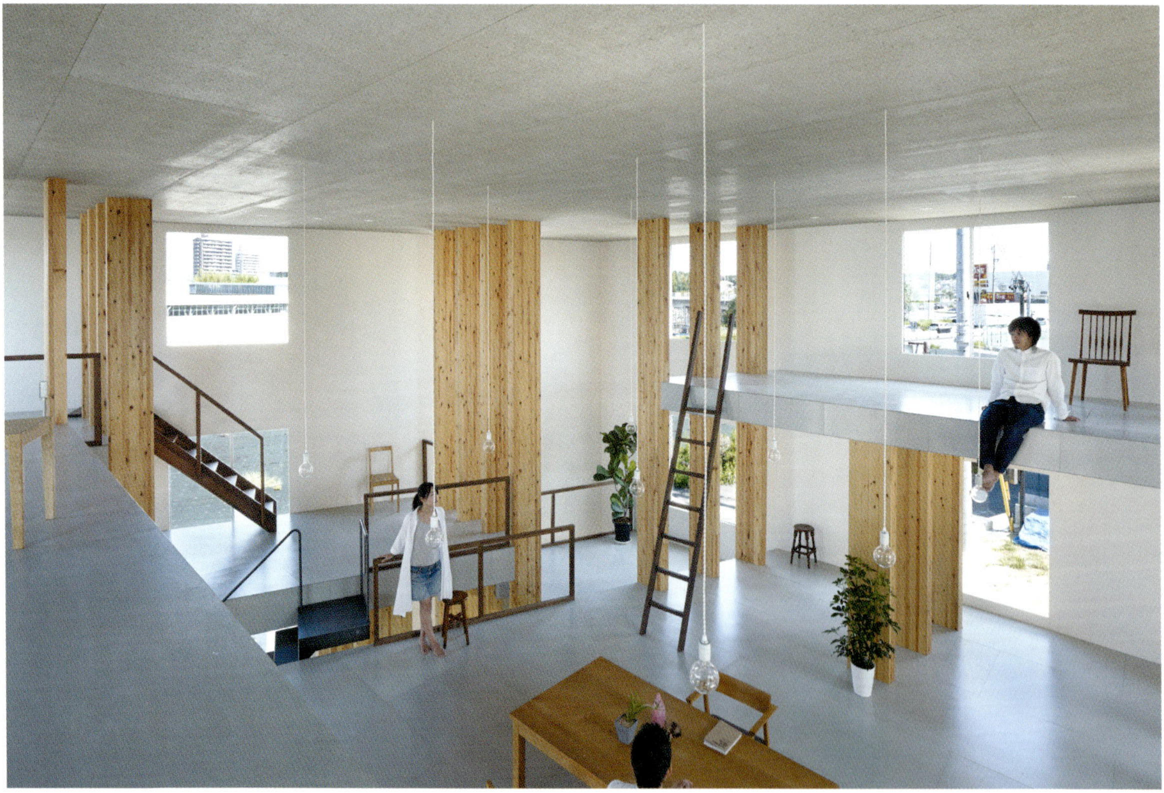

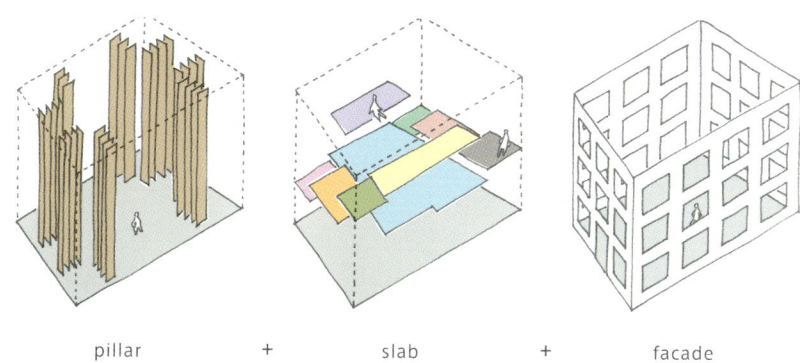

pillar　　+　　slab　　+　　facade

Viola Communications HQ

Design M+N Architecture
Design Team Lorenzo Zoli, Alessandra Barilaro, Giulio Asso, Marco Barazzuoli
Client Viola Communications
Location Abu Dhabi, UAE
Use Office
Area 1,463m²
Photo Giulio Asso @Verdekiwi Photography

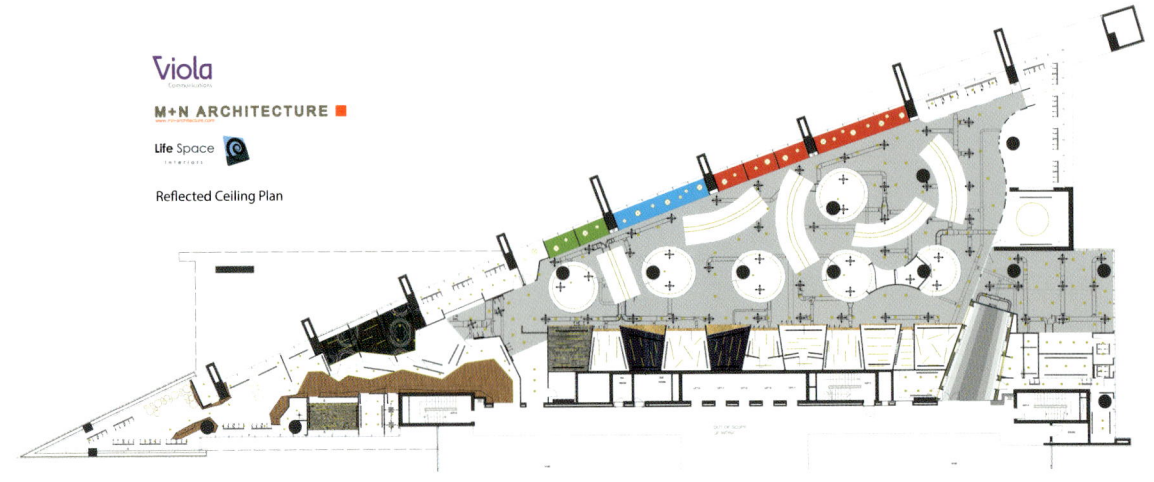

브왈라 커뮤니케이션 사옥

이 프로젝트는 아랍에미레이트의 수도인 아부다비의 미디어 경제 자유 지역 투포54에 있는 유명한 바이올라 통신 회사 사옥의 내부공사이다. 이 프로젝트는 아랍에미레이트 최초의 혁신적 개념의 사무실 설계 공사라고 할 수 있으며, 전형적인 작업 공간에 대한 고전적 계획을 다시 만들었을 뿐만 아니라 전통적인 사무실 기능들을 "여러 방들과 복도들"로 제한하는 배치를 물처럼 흐르고 비정형적이면서도 상호작용하는 공간으로 대체하였다. 이러한 혁신적인 설계를 통해, 사용자들끼리의 관계가 최우선적으로 고려되면서 아랍에미레이트 만의 취향에 현대적 감각이 더해져 아주 멋진 사무실이 탄생되었다.

설계 프로그램에는 120여명의 직원들에게 필요한 개방적인 공간들과 폐쇄적인 공간들을 창출하는 아주 정확한 계획들이 담겨있다. 고위 경영진이 머무는 지역은 시각적으로도 뛰어나지만 동시에 세련되고 우아한 모습이고, 업무 공간은 매우 창의적이면서도 파격적인 모습으로 아부다비에서는 좀처럼 볼 수 없는 독특한 업무 공간임에 틀림없다. 주 사무실은 개방되어 있어서 바이올라의 모든 부서들이 함께 일하는 공간이다. "실린더들"과 "상자들"을 이용해 구역을 나누었다. 모든 팀들은 서로 쉽게 교류하면서 함께 일할 수도 있고, 그러면서도 동시에 자신들만의 독자적인 환경을 유지할 수도 있다.

The project is about the interior fit-out of the new headquarters of the well-known company Viola Communications in twofour54, the media free zone of Abu Dhabi, the capital city of the United Arab Emirates. It can be considered the first innovative and conceptual office design in the emirate, where the classic scheme of the typical workplace is re-invented and the traditional arrangement of the office functions into "rooms and corridors" is replaced by a fluid, informal and interactive space. In this innovative design, relationships between users are set to be a priority and an accomplishing remarkable success to the challenge of mixing the local taste with modern interpretation.

The design programme is very articulated and includes a mix of open and enclosed offices for around 120 employees. The higher management area is visually striking, yet refined and elegant. The operative area has a very creative and funky look, definitely something unique for Abu Dhabi. The main office is an open-space where all departments of Viola work together. The zoning is achieved with the use of "the Cylinders" and "the Boxes". All teams can easily interact and work side-by-side, while maintaining their individual environment.

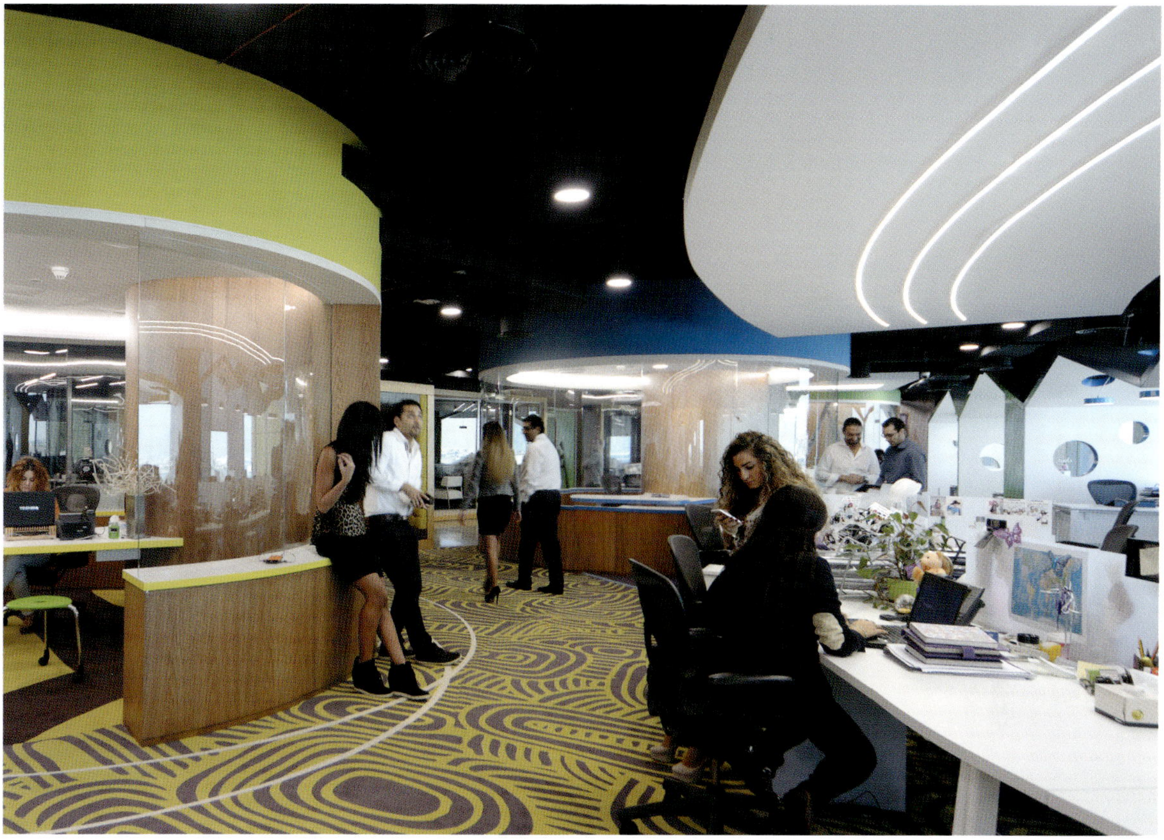

LEGEND (FLOORING & CEILING)
false ceiling
false ceiling
flooring
OSB (flooring | ceiling)
False Ceiling Plan
Elevation 1
Section A-A'
3D view

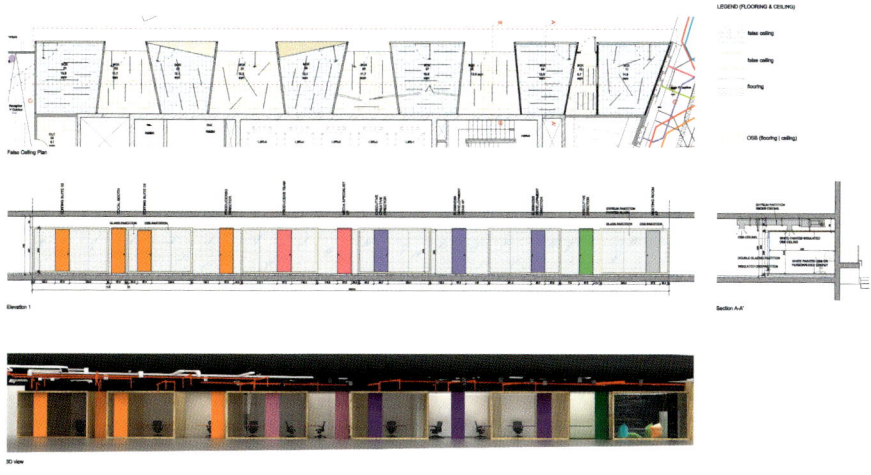

Elevation

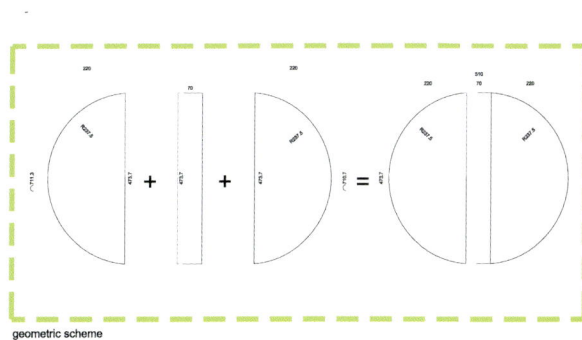

geometric scheme

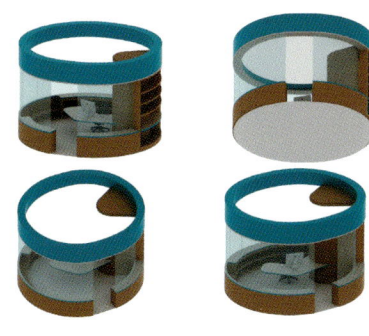

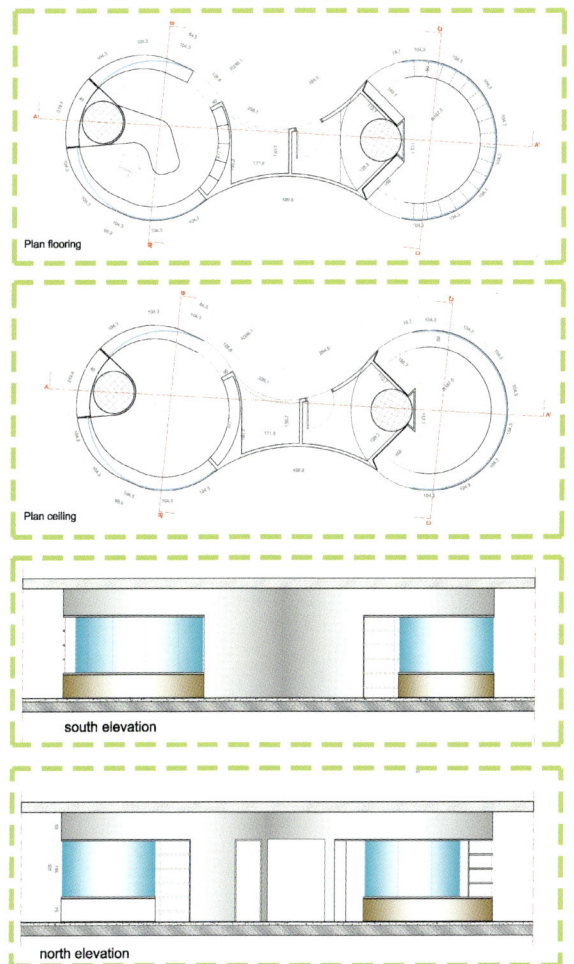

Plan flooring

Plan ceiling

south elevation

north elevation

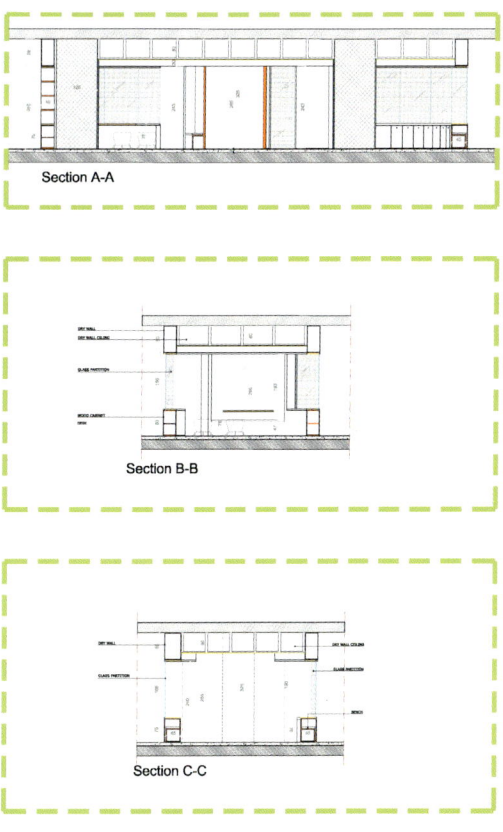

Section A-A

Section B-B

Section C-C

Cylinder Offices

TV screen 32"
Integrated Spotlight
TV screen 32"
Socket + HDMI connection

Viola

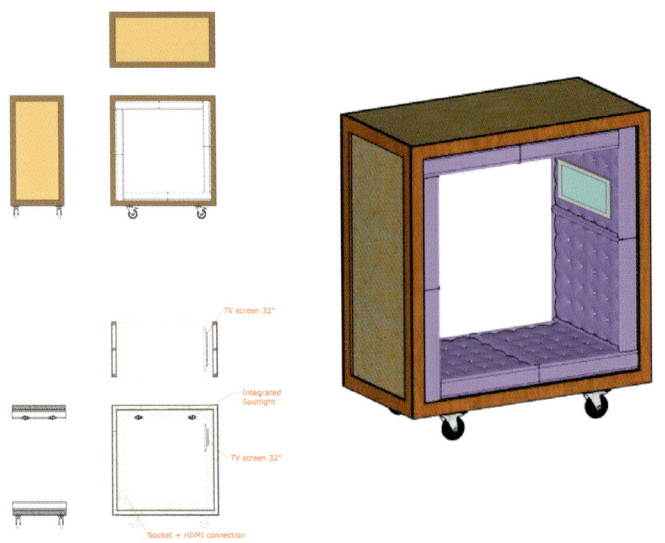

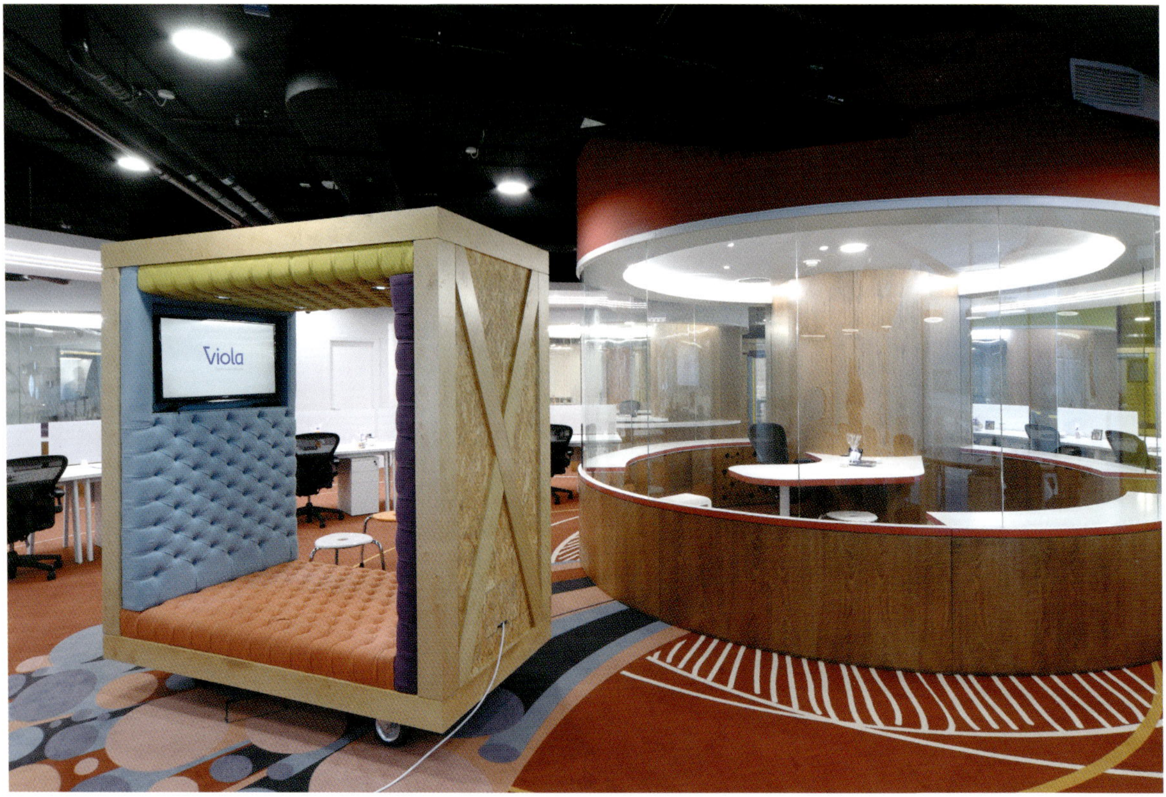

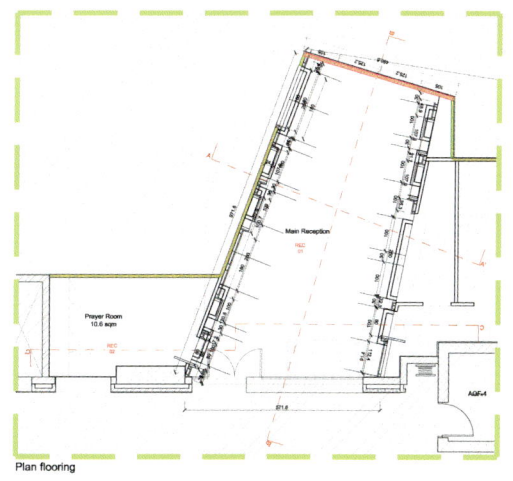
Plan flooring

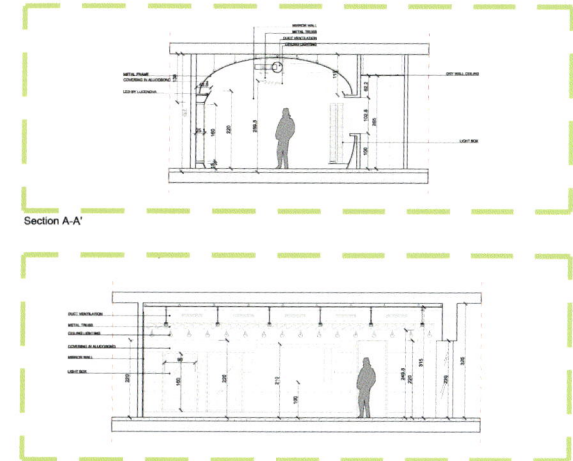
Section A-A'

Section B-B'

Main Entrance

Story in Design

스토리인디자인(시드)은 공간과 시간을 통해 장소로서의 가치를 만들어 가고 있다. 기대 이상의 가치를 창조하는 작업을 의미와 보람으로 생각하며 이러한 가치의 실현을 위해 창조적인 마인드를 통해 현재의 요소들을 선택적으로 수용하고 집중적인 기술 향상을 위해 노력한다. 공간 속에서 사람들의 능력과 신뢰를 신장시키고, 삶의 질을 재발견 하는 공간, 모두에게 의미 있는 장소가 될 수 있도록 디자인 하는 것이 스토리인디자인의 목표이다.

SID(Story in Design) creates design that takes both space and time into account. Our purpose is to design unique space that can fulfill the needs of people, motivate theme, increase their effectiveness, and enrich their lives. To achieve these goals, we selectively incorporate current trends and timeless principles in a manner that reflects a higher level of technical prowess. It is our promise to create a space that is just as unique as you are.

Function is an important element for spatial design. It is a human-centered space and has functionally different purpose and business structure. Space and furniture dimensions specified by humans constitute the most important rule of spatial design, while lines of movement that connect a space to another space also make functional elements.

Functional

Story in design

Design Story in design_Yi Katie Eunsu
Design Team Story in design_Lim Guiyoung
Constructor Story in design_Yong Junhwa
Client Story in design
Location 570-2, Sinsa-dong, Gangnam-gu, Seoul, Korea
Use Office
Area 70m²
Floor Deco Tile
Wall Painting, Backpainted Glass
Ceiling Painting
Photo Story in design

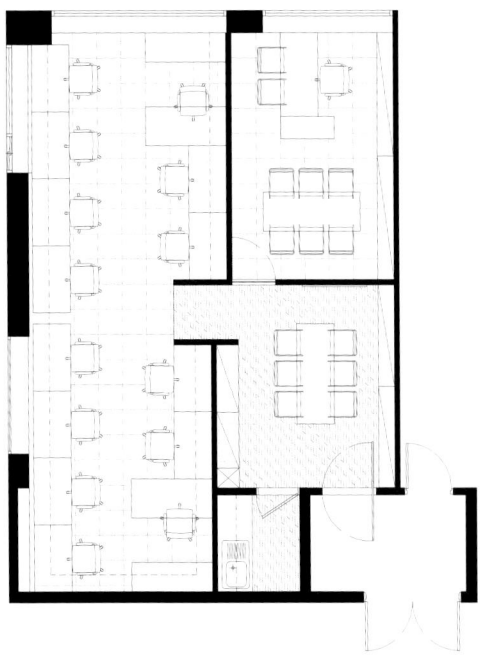

Floor Plan

스토리인디자인

SID 사무 공간은 최소의 공간 안에서 효율적인 업무가 이루어지면서도 밝고 여유로운 느낌을 연출하는 데 집중했다. 전체적으로 천장을 오픈하여 넓은 느낌을 주고 창가의 빛이 사무실 가득 차도록 테이블을 배치하였다. 또, 좁은 공간이지만 넉넉한 수납이 가능하도록 테이블 위에 상부 장을 설치하였다. 컬러 톤은 화이트톤을 사용하여 밝은 느낌을, 포인트로 붙박이장 도어를 우드와 스톤 느낌의 패널로 제작해 수납과 이미지월 기능을 동시에 해결하였다.

SID's office space was designed with a focus on creating a bright and relaxed atmosphere for a minimal space in which work has to be executed efficiently. The ceiling was opened in overall to create a wide feeling, and tables were arranged to bring in a maximum amount of sunlight. In order to secure ample amount of storage in a limited space, cabinets were installed over the tables. A white tone was sued to generate a bright feel, and the doors of the build-in cabinets were made with panels reminiscent of wood and stone, which catch the two birds of storage and image wall function with one stone.

Prime Enterprise

Design Story in design_Yi Katie Eunsu
Design Team Story in design_Kwon Minjeong
Constructor Story in design_Shin Leesuel
Client Prime Enterprise
Location Songdo-dong, Yeonsu-gu, Incheon, Korea
Use Office
Area 240m²
Floor Deco Tile
Wall Painting, Tile, Backpainted Glass
Ceiling Painting, Steel Mesh
Photo Story in design

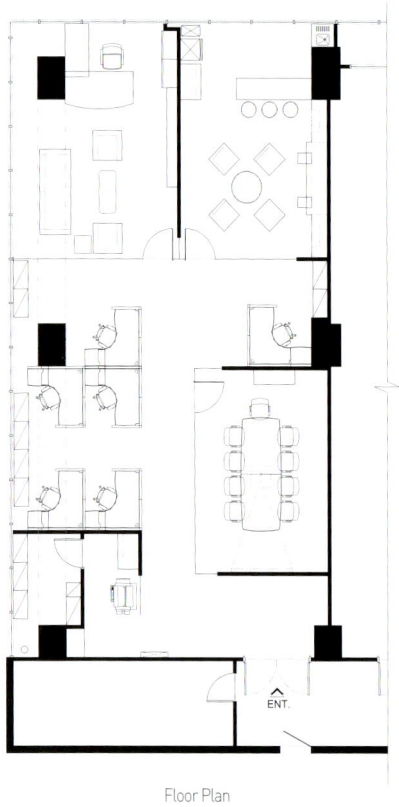

Floor Plan

프라임 엔터프라이즈

프라임 엔터프라이즈의 사무실은 소규모 사무실이지만 회의실과 라운지 공간을 넉넉하게 두어 원활한 커뮤니케이션이 가능하도록 계획하였다. 전체적으로 내추럴한 느낌의 소재들을 사용한 편안한 분위기에 포인트 컬러로 블루와 오렌지를 더해 캐주얼하면서 생기 넘치는 공간으로 연출하였다.

회의실은 고벽돌 느낌의 타일과 포인트 펜던트 조명, 오렌지컬러 의자, 내추럴한 원목 테이블들이 한데 어우러져 편안한 분위기의 회의실로 디자인하였다. 라운지 천장에는 메쉬를 사용하여 개방감을 주고 편안한 라운지 체어와 바테이블, 붙박이 소파를 두어 다양한 형태의 회의와 휴식이 가능하도록 하였다.

The office of Prime Enterprise, while small, was planned to have enough space for conference and lounge to enable robust communication. With a comfortable atmosphere created by natural-feeling materials, blue and orange colors are used to highlight the space and bring more vibrant qualities.

The conference room was designed with tiles reminiscent of old bricks, pendant lighting, orange-colored chairs, and natural hardwood tables, creating a comfortable atmosphere. Mesh was used for lounge ceiling to generate an open feel, and comfortable lounging chairs, a bar table, and built-in couches were installed to allow for various forms of meetings and resting to take place.

Space.1

Design Story in Design_Yi Katie Eunsu
Design Team Story in Design_Lo Jungeun, Han Heashin
Client ⓒDaum Communications
Location 2181 Yeongpyeong-dong, Jeju-do, Jeju-si, Korea
Use Office
Area 1,460m²
Architectural Design Mass Studies
Floor High Strength Non-Shrink Color Mortar, Carpet
Wall Color Exposed Concrete, Acoustic Panel, Backpaint Glass
Ceiling Color Exposed Concrete

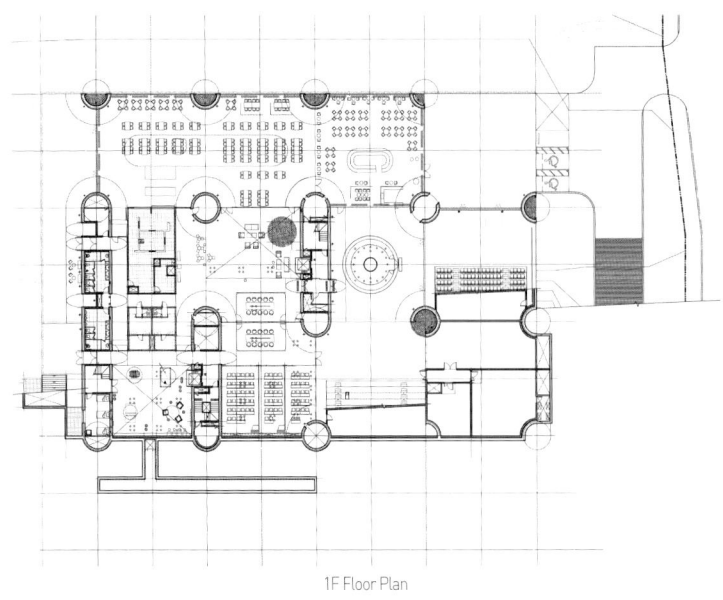

1F Floor Plan

다음 IT 센터

건축에서 의도하였던 화산 동굴이라는 내부 공간의 컨셉을 존중하는 한편, '다음'의 정체성을 드러낼 수 있도록 디자인하였다. 재료의 물성과 형태, 컬러를 활용하여 실제 업무와 생활에 있어서도 편리하고 쾌적함을 줄 수 있는 공간을 제안하였다.

다음 IT센터는 입구에 들어서면서부터 높고 낮은 공간들이 수평과 수직으로 연계되어 있으며 천장과 고창에서 쏟아지는 빛으로 이루어져 있는 것이 특징이다. 따라서 동굴이 지닌 요소들 즉, 둥근 천장과 석주, 늘어진 조명, 위 아래로 변화무쌍하게 구성된 공간을 탐색하는 것을 디자인의 출발점으로 삼아 동굴 탐험에서 길을 찾아가며 각각의 특별한 공간들을 경험하는 것을 스토리로 전개하였다.

건물의 로비에는 유기적 형태의 거대한 인포메이션 데스크가 있고, 방문객은 인포메이션 데스크 앞에 앉아 인터넷 검색을 할 수 있다. 또한, 로비의 한쪽 끝에는 갤러리 공간이 있는데, 갤러리의 벽은 사각 개비온에 제주도의 돌을 낮게 담아 시각적으로 개방시키며 제주도의 지역성을 강조했다.

라운지는 좁고 어두운 길을 지나 도달하게 되는 밝고 환한 공간, 뚫린 천장에서 햇볕이 도달하는 클라이막스에 해당하는 부분이다. 따라서 여정의 막바지에 만나는 휴식의 공간으로 설정하였으며, 천장고의 차이가 나는 공간은 기둥을 설치하여 영역을 구분하였다. 전통 건축의 장인 이광복 도편수가 직접 세운 세 개의 기둥은 그 중 한 개만이 기단위에 올려져 있어 공간적 위계와 함께 오브제적 역할을 하고 있다.

건축에서 부여한 허공에 매달린 '트리하우스'는 아이디어 룸으로 계획하였고, 그 아래 라운지는 편안하고 자유로운 공간이 될 수 있도록 하였다. 또한 건축에서 계획한 라운지의 조도가 충분치 않아서 추가 조명이 필요했는데, LED Bar 조명을 길게 내려 건축적 매스를 방해하지 않고 한줄기의 빛이 내려오는 듯한 라운지의 공간을 형상화하였다.

동일한 조직 내에서도 다양한 생각을 지닌 다음의 직원들을 위한 식당은 각각의 개성을 존중할 수 있도록 다양한 스타일의 의자들을 함께 배치하였다. 게임 룸은 로비에서 내려다보이지만 리셉션을 지나 계단을 내려와야만 들어올 수 있는 공간이다. 업무 중 기분을 전환하고 새로운 활력을 얻을 수 있는 공간으로 다소 자극적이고 위험한 존재인 거미를 컨셉으로 하였다. 거미는 동굴의 탐색에서 가장 만나기 쉬운 동물이며, 거미가 만들어 내는 거미줄의 네트워크는 상호간의 소통과 인터넷 상의 네트워크를 상징하기도 한다. 거미가 꽁무니에서 실을 뽑아 촘촘히 엮어나가는 것과 같은 치밀함과 끈기는 게임룸 이용자들에게 가장 필요한 덕목일 것이다.

회의실은 각각의 룸들에 서로 다른 컨셉을 부여하였는데, 다음 그래픽 팀의 의견이 많이 반영되었다. 거대한 이태리 타올로 벽면이 마감된 회의실은 서로의 아이디어를 밀어주는 '때밀이 방'으로 불리며, 사각의 링 형태로 디자인된 아이디어의 한판 승부 '끝장의 방', 한 번 들어가면 아이디어가 나올 때까지 나올 수 없는 '감옥방' 등 각각 독특한 컨셉의 회의실 공간들을 계획하였다.

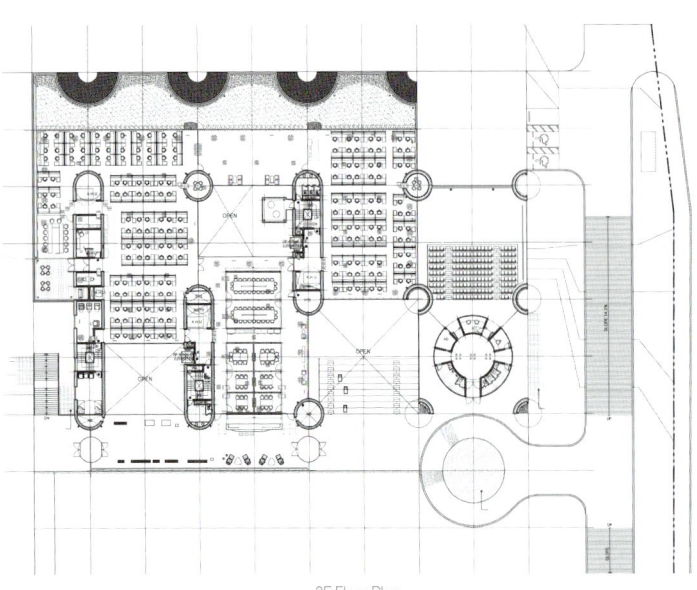

2F Floor Plan

It is designed to respect the concept of interior space of volcano cave, intended by architecture, on the one hand, and to expose the identity of Daum on the other. By using the property, form, and color of material, a convenient and pleasant space for both actual work and living was suggested.

High low spaces are vertically and horizontally connected from the entrance of Daum IT center and it is typified by the light coming in from the ceiling and fan light. Therefore, by exploring the aspects of cave such as round ceiling and stone pillar, drooping light, and kaleidoscopic space, the design is developed by experiencing respective special space of cave.

There is a giant information desk with organic form in the lobby of the building and the visitors can sit in front of the info desk and use the internet. There is also a gallery space at one end of the lobby and the wall of the gallery is visually opened by spreading Jeju stones in a rectangular gabion to emphasize the regionality of Jeju Island.

Lounge is the climax of the building where you reach bright space with the sunlight coming from open ceiling after passing narrow and dark path. So it was set as a space to relax after the end of travel and for the space with different height of ceiling was differentiated by installing a pillar. Only one of the three pillars, built by Lee, Gwang-bok, a master builder of traditional architecture, is on the stylobate, which plays an objectified role with spatial rank.

'Tree house' hanging in the air provided by the architecture is planned as an idea room and the lounge underneath is for convenient and free space. Also, because the intensity of illumination of the lounge planned by the architecture was not sufficient, additional light was needed. So a LED Bar light was used to avoid distracting architectural mass and embody a space for lounge with a ray of light coming down from the light.

To respect respective characteristic of staff members in a same organization with different thoughts, chairs with various styles were arranged in a cafeteria. Game room can be seen from the lobby but you have to go down the stairs to reach the space.

It is a space to refresh and revitalize during work with the concept of exciting and dangerous spider. Spiders can be easily seen when exploring the cave, and the network of the web produced by spiders symbolizes mutual communication and the network of the internet. Like a spider spinning a web with its thread, meticulousness and patience are the most necessary aspect for game room users.

Each conference room has different concept, which reflected the opinion of Daum Graphic Team. Each conference has peculiar concept such as 'ttaemiri room,' filled with gigantic Italy towel where the members scrub each other's idea. 'Thoroughgoing room,' designed in a rectangular ring, 'jail room,' where the members cannot come out until they come up with an idea, etc.

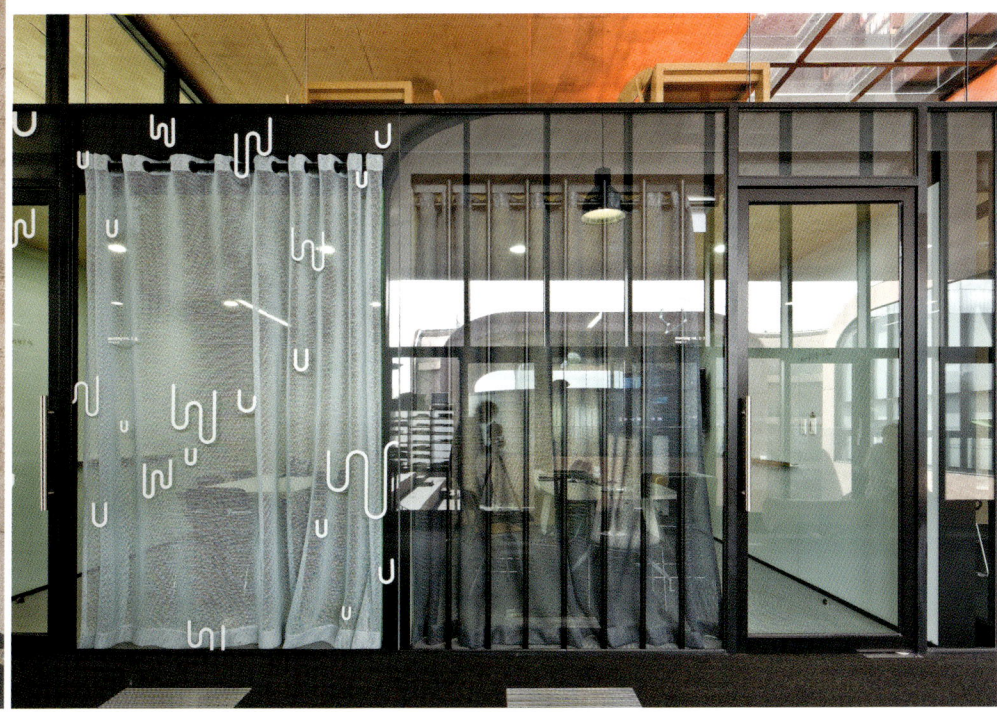

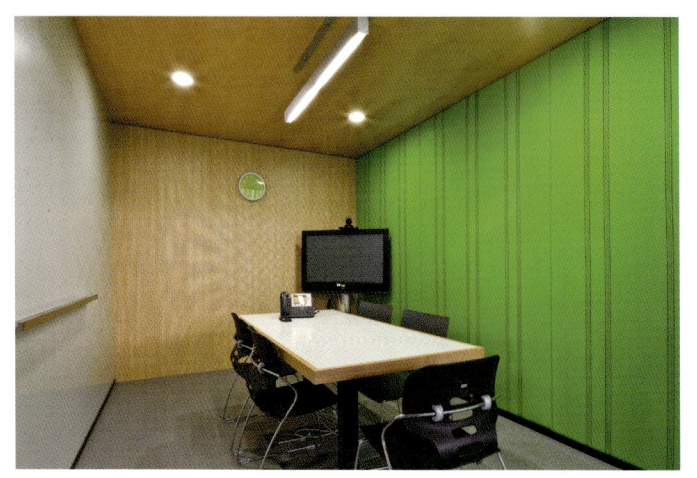

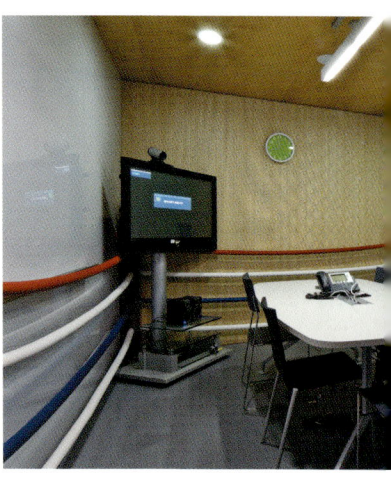

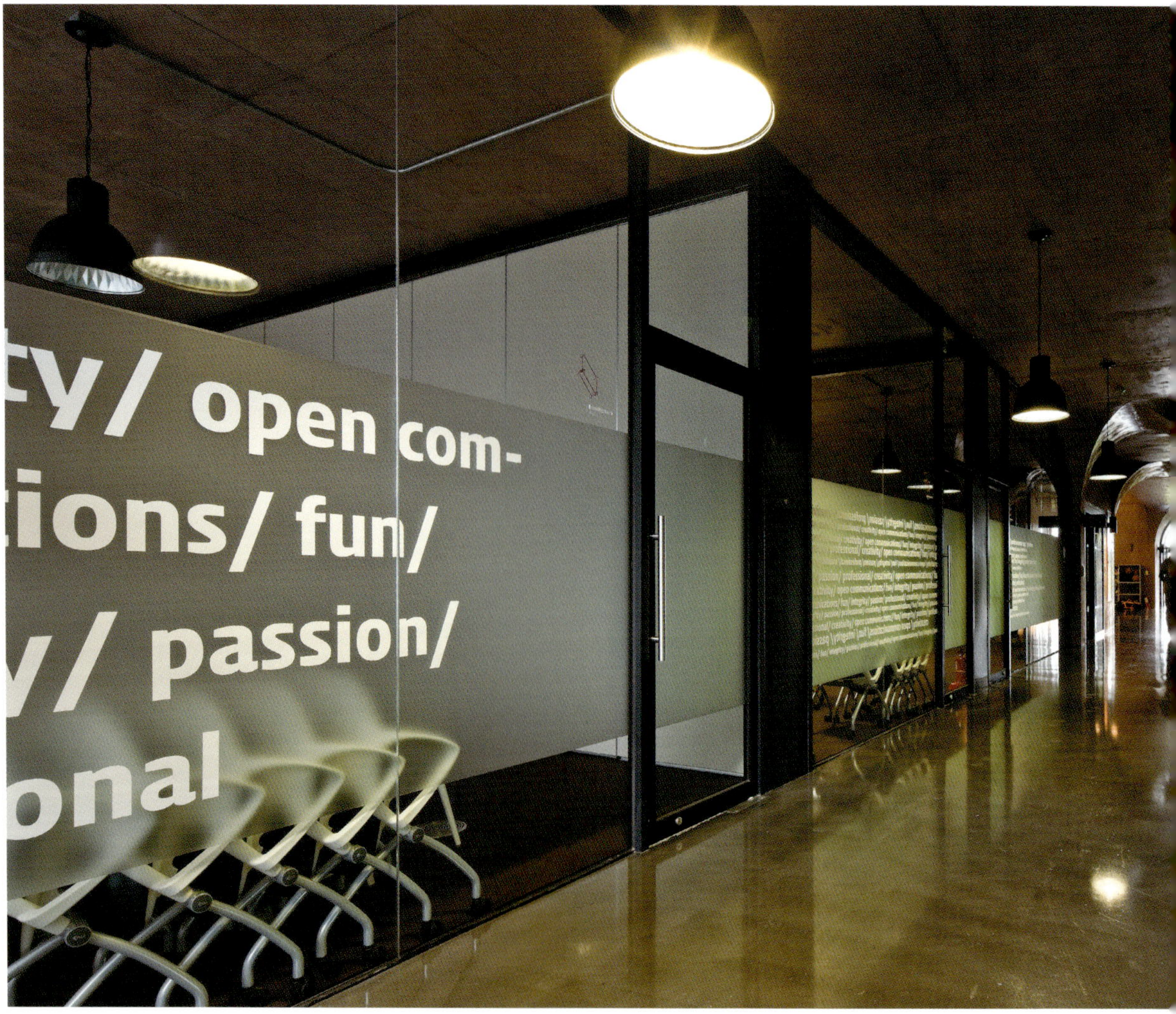
ty/ open com-
tions/ fun/
y/ passion/
onal

제주 흑돼지

제주도 해녀
Diving Women of Jeju-do

휘파람새
Bush Warbler
돌하르방
Dolhareubang

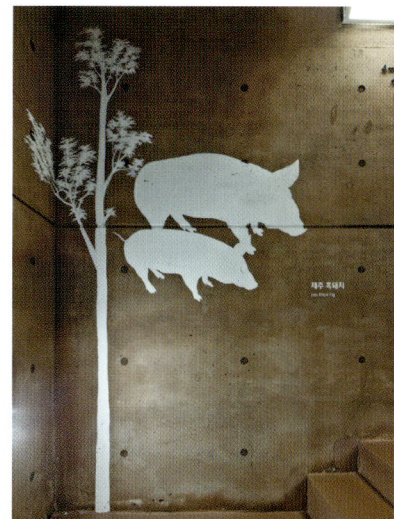

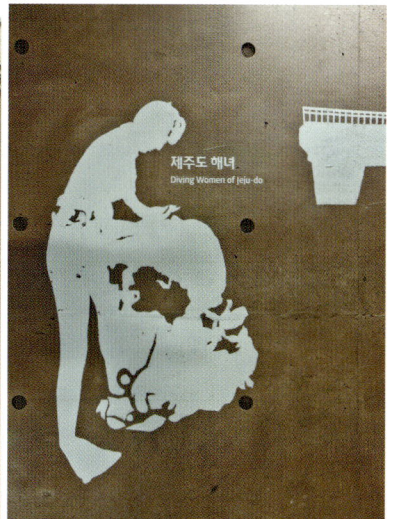

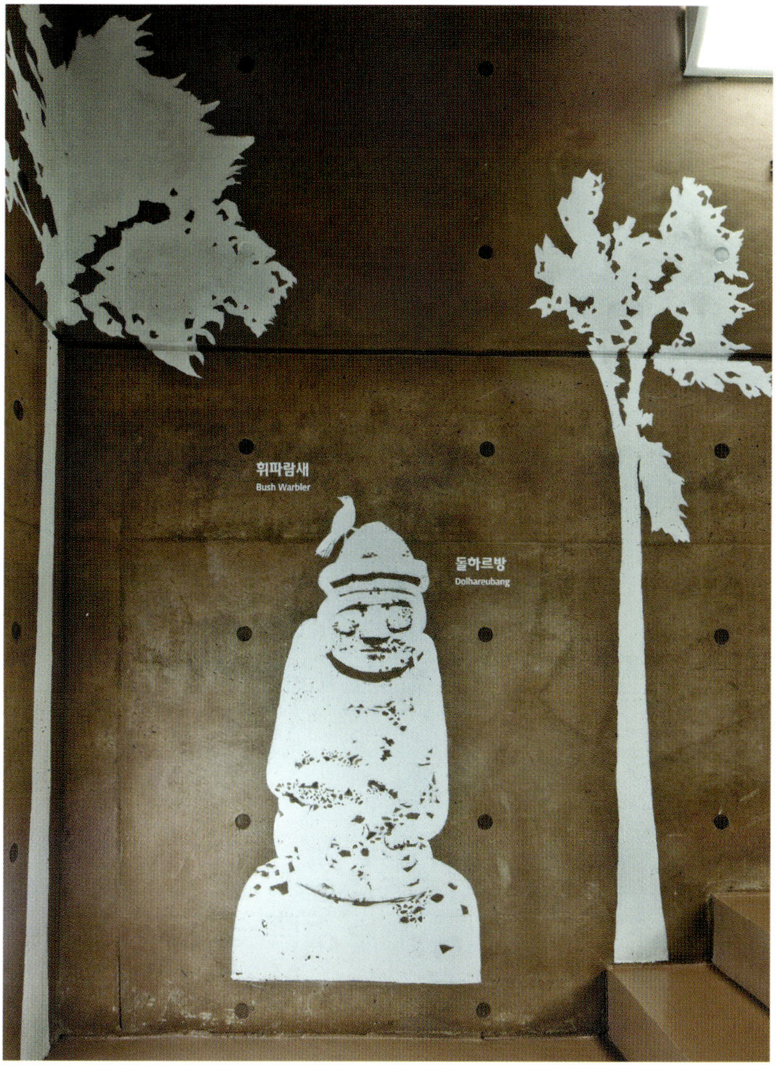

Ipsos Korea

Design Story in Design_Yi Katie Eunsu
Design Team Story in Design_Moon Kyungae
Construction Story in Design_Lee Byungik
Client Ipsos Korea
Location 463 Joonglim-dong, Jung-gu, Seoul-si, Korea
Use Office
Area 2,424m²
Floor Marble Tile, Carpet, P-Tile
Wall Wall Covering, Fabric, Wood Skin, Backpaint Glass
Ceiling Painting, Tex
Photo Choi Jeongbok

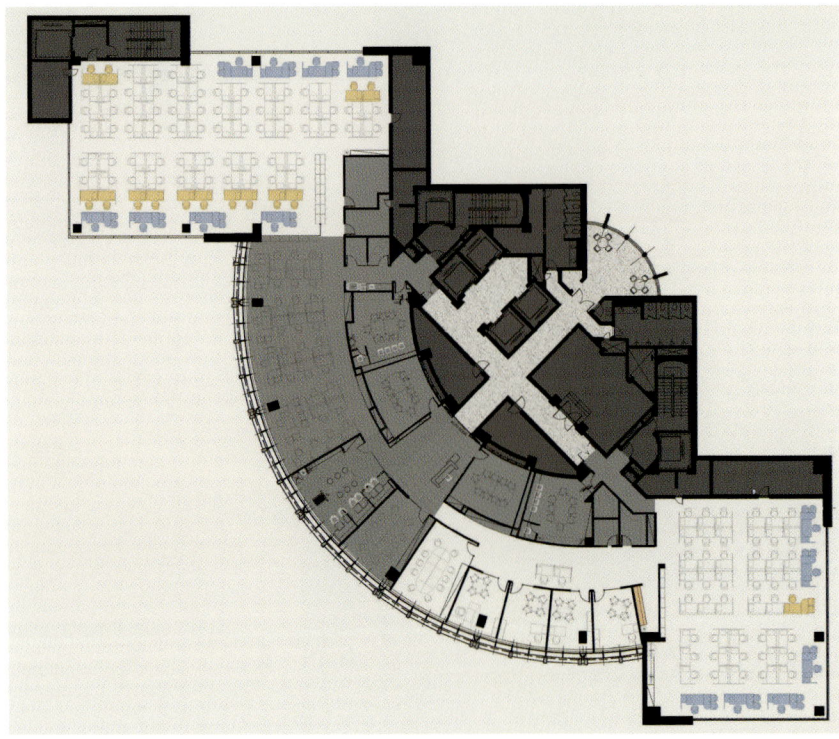

12F Floor Plan

입소스 코리아

프랑스에 본사를 둔 세계적인 마케팅 리서치 기업인 입소스 코리아의 공간 디자인은 리서치 업무를 위한 기능적 실들의 효과적인 디자인이 요구되었다. FGD(Focus Group Discussion)룸 CLT(Central Location Test)룸 등은 효율적인 동선의 분리와 방음 등이 중요한 요소로 작용하였으며, 동시에 원형의 건축 평면에 적용된 각 부서별 레이아웃은 회의실을 중앙에 배치하여 서로 간에 교류가 가능하도록 하였다. 리셉션 뒤쪽의 무니목 벽면은 불규칙적으로 분할, 돌출시켜 방문객들에게 깔끔하면서도 감각적인 첫인상을 줄 수 있도록 하였고, 입소스 로고의 블루 색상을 포인트로 사용한 유리 벽면의 에칭은 공간 전체에 걸쳐 입소스의 아이덴티티를 부여하고 있다. 또한, 건물 1층 일부에 위치해있는 입소스 오피스의 입구에는 그래픽 이미지를 설치하여 기업의 이미지를 부각시켰다. 리서치 전문회사로서 고객과의 긴밀한 파트너쉽을 의미하는 이 이미지는 로비의 장점인 높은 천장을 적극 이용하여 휴먼스케일 이상으로 거대하게 제작하였다.

The space design for Ipsos Korea, a global marketing research corporation with its headquarters in France, demanded an efficient design for functional rooms for research work. An effective separation for moving line and soundproof were important factors for FGD(Focus Group Discussion) room and CLT(Central Location Test) room, and at the same time, the layout for each division, applied on a flat surface of round architecture was placed at the center of the conference to enable the mutual exchange. The sliced-veneer wall behind the reception is irregularly divided and protruded to give a neat and sensual impression to the visitors. The etching of glass wall with the blue color of Ipsos gives the entire space the identity of Ipsos. Also by installing graphic image on the entrance of Ipsos office located on the first floor of the building, the image of the corporation was accentuated. As a professional research corporation, the image of close partnership with its customers is expressed through utilizing the lobby's high ceiling to make it look larger than human-scale.

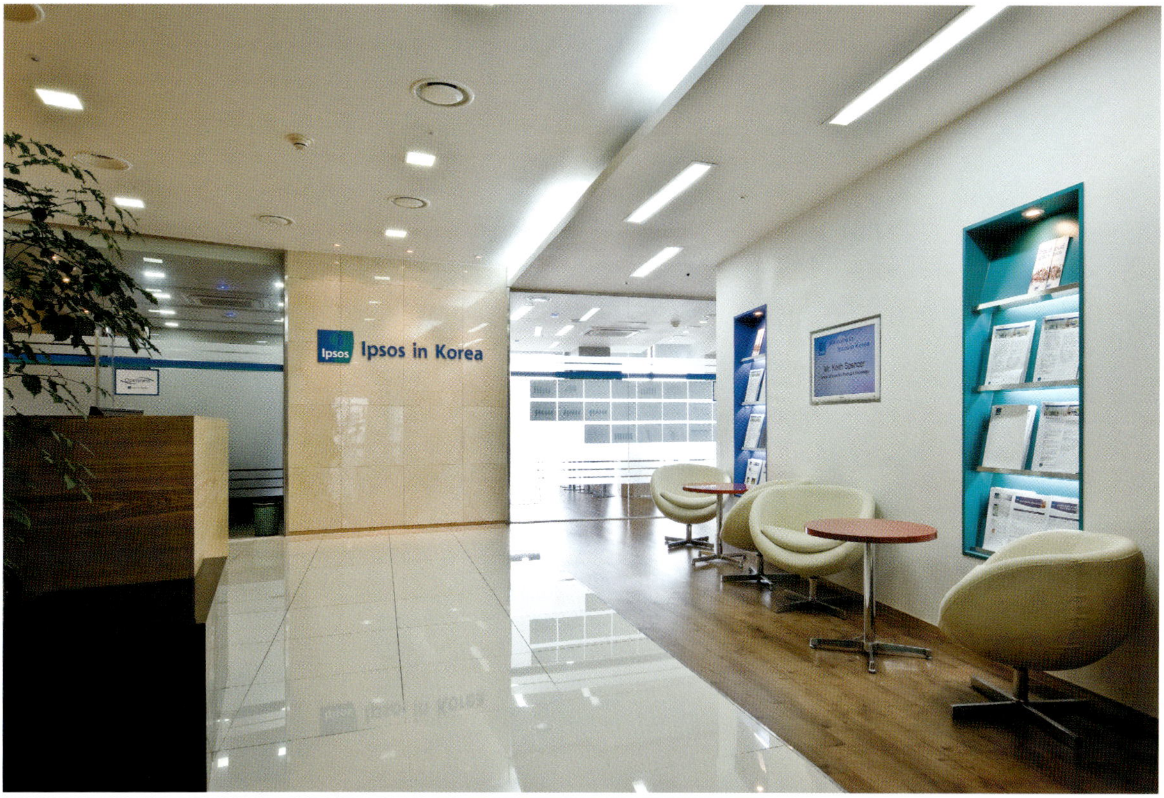
Ipsos
Ipsos in Korea
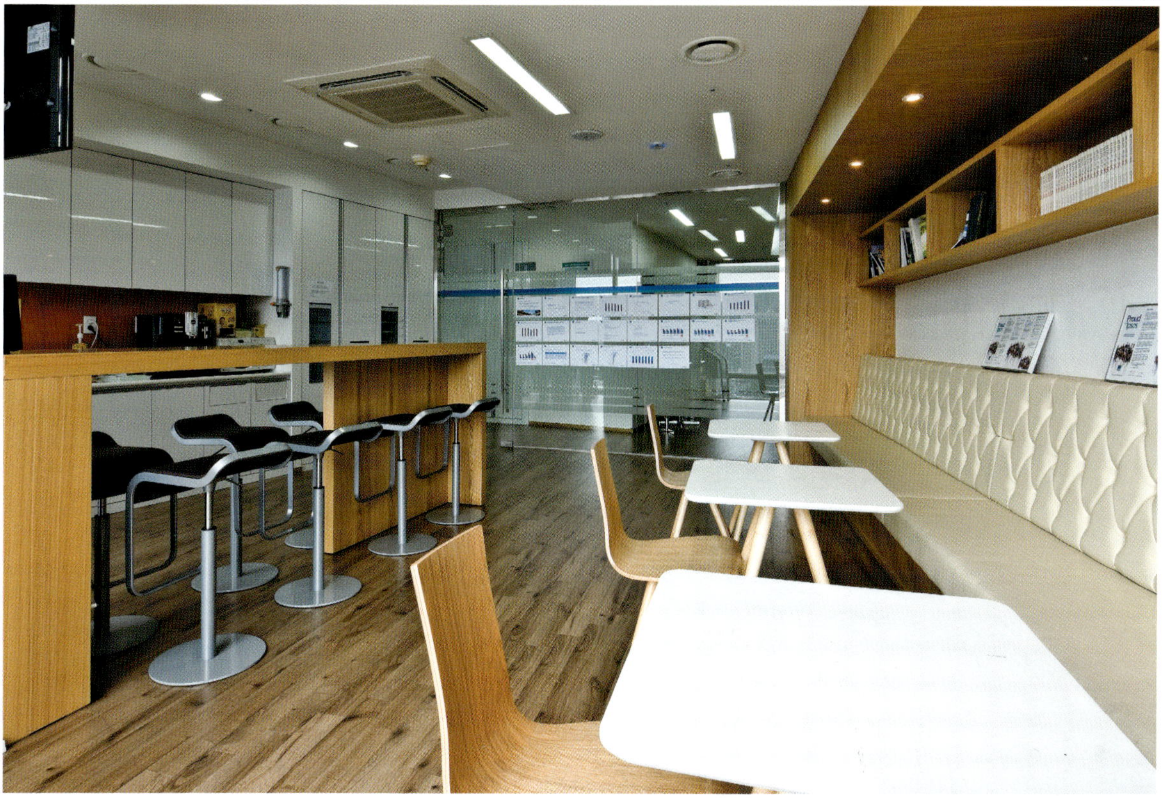

Info Bank

Design Story in Design_Yi Katie Eunsu
Design Team Story in Design_Han Heashin, Oh Jimin
Construction Story in Design_Lee Byungik
Client infobank
Location 670 Sampyung-dong, Bundang-gu, Sungnam-si, Kyunggi-do, Korea
Use Office
Area 3,787m²
Floor Marble Tile, Carpet, Wood Flooring, P-tile
Wall Wall Covering, Fabric, Painting, Backpaint Glass
Ceiling Painting
Photo Choi Jeongbok

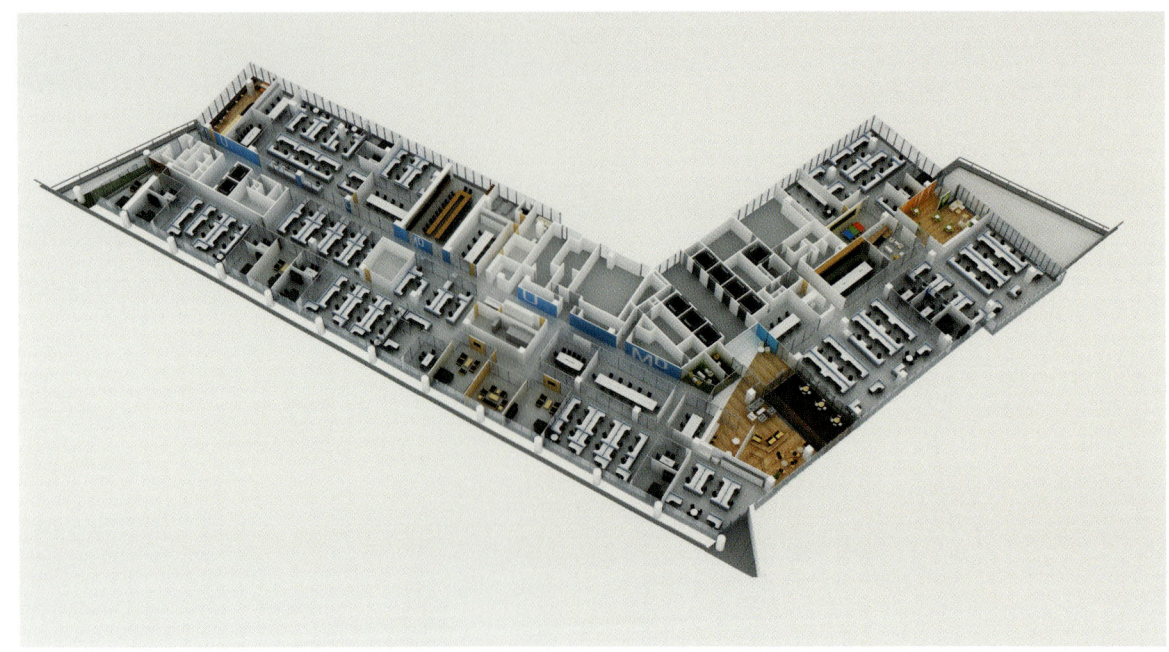

인포뱅크

인포뱅크의 사무공간은 모든 직원들이 열려 있는 마음으로 근무할 수 있도록 솔리드 벽체를 최대한 자제하였다.

유리 파티션과 낮은 파티션 등을 사용하여 오픈 컨셉의 사무실을 계획하였고, 여유있는 좌석 배치와 편안한 휴게 공간, 창의적 아이디어를 생산해내기 위한 회의실의 디자인에 중점을 두었다. 신발을 벗고 들어가는 아이디어 회의실은 의자 대신 단이 형성되어 있어서 직원들이 계단에 앉거나 편안하게 누울 수도 있으며, 노출 천장은 공간에 확장감을 준다. 또한, 회의실의 테이블은 전형적인 회의 테이블과 의자 대신 캐쥬얼한 스타일의 테이블과 의자를 배치하여 자유로운 회의 분위기를 형성할 수 있도록 하였다.

가급적 솔리드 벽체를 세우지 않는 것을 원칙으로 하였지만 화장실 앞쪽의 프라이버시를 위해 벽체를 형성하였고, 벽체가 형성된 공간에는 직원들 간의 소통을 위한 게시판을 설치하였다. 게시판은 초등학교 교실의 기억을 떠올리게 하는 녹색 칠판으로 제작하여 IT회사에 아날로그적 감성을 불어 넣고자 하였다. 긴 복도에는 벽면을 약간 돌출시켜 갤러리 벽면과 같은 효과를 주었고, 인포뱅크의 통합브랜드인 m&(엠앤)의 브랜드 스토리를 전시하였다.

전망이 좋은 입구 쪽 라운지에는 마루를 형성하여 마치 사랑채 마루에서 담 넘어 전경을 바라보듯이, 또는 사랑채 마루에서 손님을 맞이하듯이 접견 및 휴식의 라운지로 활용된다.

The work space for Info Bank restrained the most of solid wall to enable the staff members to work with open mind. The open-concept of office was planned by using glass or low partition, and the focus of its design was on arranging chairs with sufficient space, comfortable place to relax, and the conference that could inspire creative ideas. The idea conference room, where people take their shoes off, is arranged with stairs instead of chairs so that the staff members can lie down or sit comfortably and an exposed ceiling expands the space.

It was preferable not to build solid wall, but it was built in front of the restroom for privacy. A bulletin board was made on walls for communication between the staff members. By making the board with green chalkboard, which brings back the memory of elementary school, we tried to inspire analogue sentiment to IT Corporation.

For the lounge next to the entrance with nice view, a floor is established to use as a lounge for reception or relaxation as if a guest is welcomed at a guesthouse or as if we watch the view over the wall on a floor.

Floor Plan

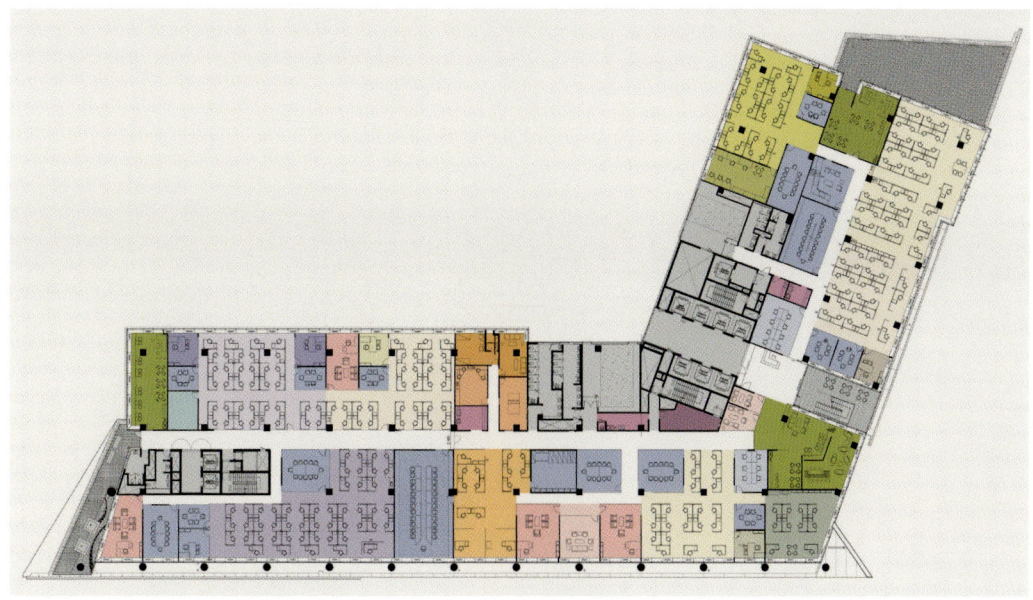

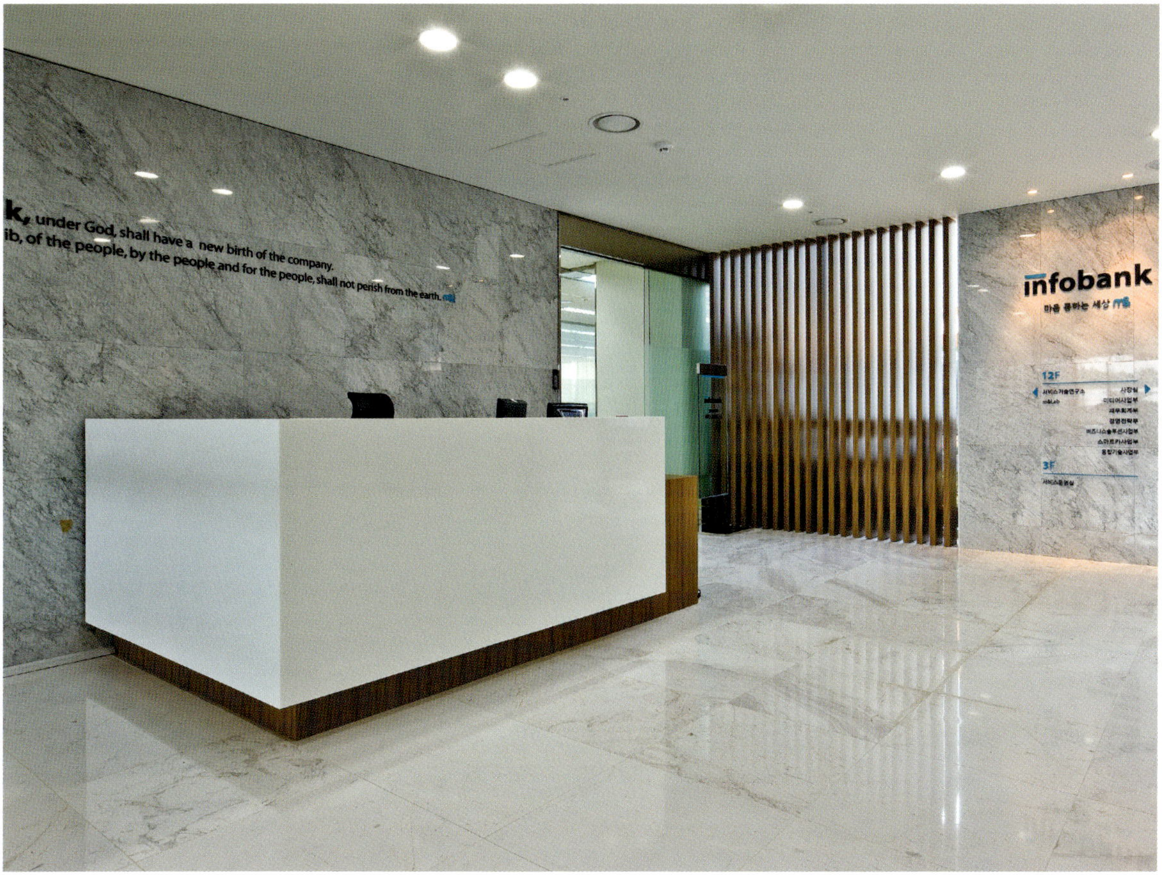
k, under God, shall have a new birth of the company.
ib, of the people, by the people and for the people, shall not perish from the earth.
infobank
12F
사장실
3F

Tupperware Brands

Design Story in Design_Yi Katie Eunsu
Design Team Story in Design_Han Heashin
Construction Story in Design_Hong Chulgi
Client Tupperware Brands Korea
Location 92 Galwol-dong, Yongsna-gu, Seoul-si, Korea
Use Office
Area 930m²
Floor Carpet
Wall Wall Covering, Fabric, Painting, Backpaint Glass
Ceiling Painting
Photo Choi Jeongbok

Floor Plan

타파웨어 브랜즈 코리아 본사

타파웨어는 공기를 효과적으로 차단시켜 완전한 밀폐력을 지니는 씰(Seal, 뚜껑)의 개발을 통하여, 고급 식품 용기 및 주방 용기를 생산, 판매하는 다국적 기업이다.

타파웨어 브랜즈 코리아 본사의 디자인은 타파웨어의 브랜드 아이덴티티를 최대한 어필할 수 있도록 타파웨어 로고의 컬러와 그래픽 패턴을 활용하였다. 여러 가지 선명한 컬러들을 특징으로 하는 타파웨어 로고의 아름다움을 부각시키기 위하여 벽면은 백색을 기본으로 사용하였다. 리셉션 데스크와 쿠킹 클래스 내의 전시장 상부에는 4개의 타파웨어 브랜드 로고들을 부착하여 컬러 포인트를 주었고, 전시 선반은 각 브랜즈의 전시물 비율에 맞추어 유기적 형태로 디자인 하였다. 즉, 많은 양의 전시가 필요한 부분은 오픈된 부분을 넓게 하고, 전시할 양이 적은 브랜드는 선반의 오픈되는 부분이 적어지게 조절하였다.

리셉션 천장의 원형 바리솔과 바닥에 펼쳐진 원형 카펫의 패턴들은 타파웨어 분수 로고를 연상시키며, 복도 한쪽 벽면을 차지하는 Hall of Fame 전시 벽면에는 과감한 색채를 사용하여 방문객들의 눈길을 끈다.

Tupperware is a global multinational corporation producing and selling high quality food and kitchen containers through developing a completely airtight seal by efficiently blocking the air.

The design of Tupperware brands Korea headquarters used Tupperware logo's color and graphic pattern to appeal its identity. To give salience to the beauty of Tupperware's logo, typified with various vivid colors, walls were painted in white. For reception desk and the showroom inside the cooking class, four Tupperware brands logos were attached to give color points, and shelves were designed in organic forms according to the proportion of each exhibiting brands' products. In other words, the shelves with a lot of products have wider opened space and the ones with less products have narrower opened space.

A round barrisol on the reception ceiling and the patterns on a round carpet on the ground remind of fountain logo of Tupperware, and drastic use of color on the wall of Hall of Fame, occupying one side of the hall way, attracts attention of the visitors.

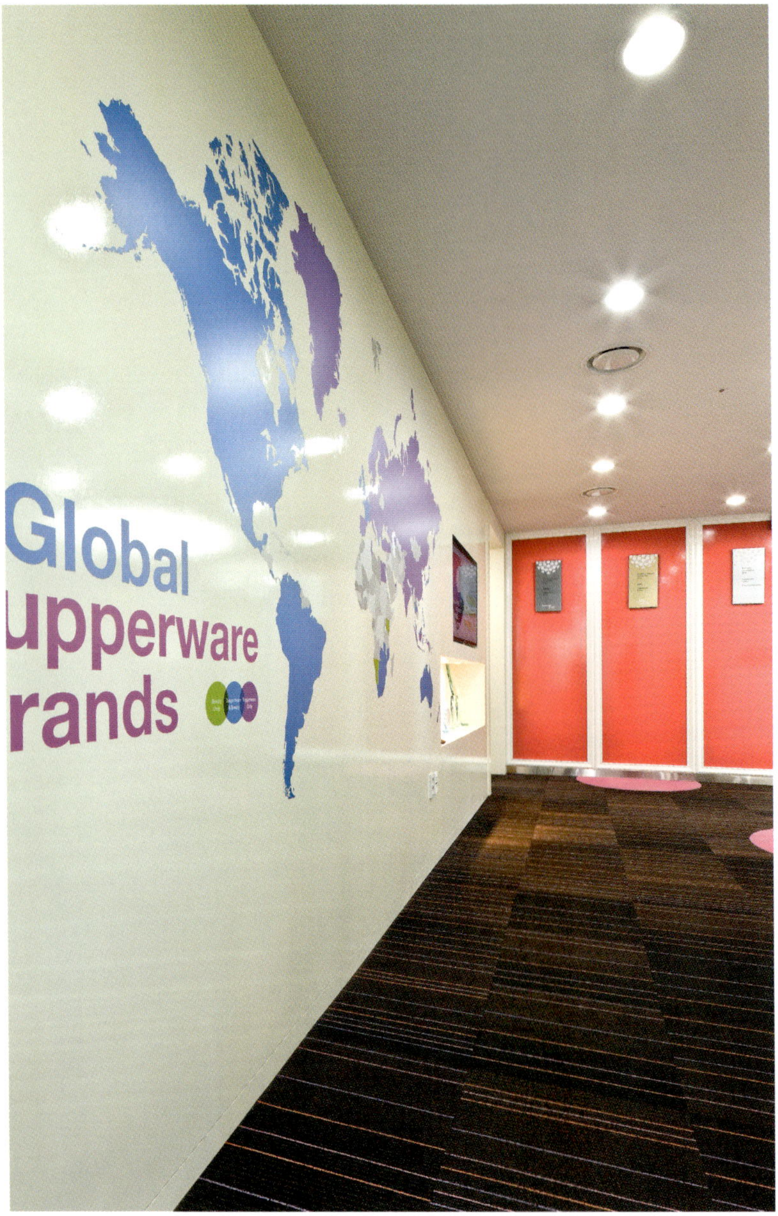
Global
upperware
rands

의 시작

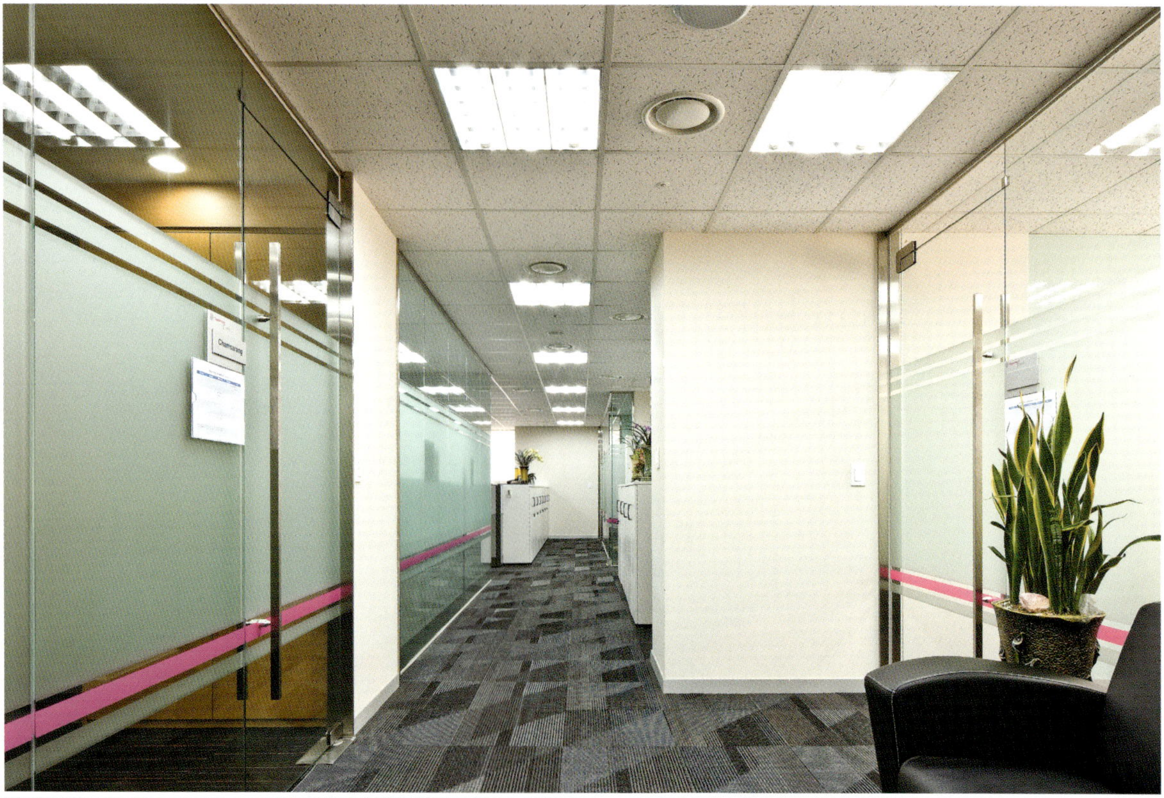

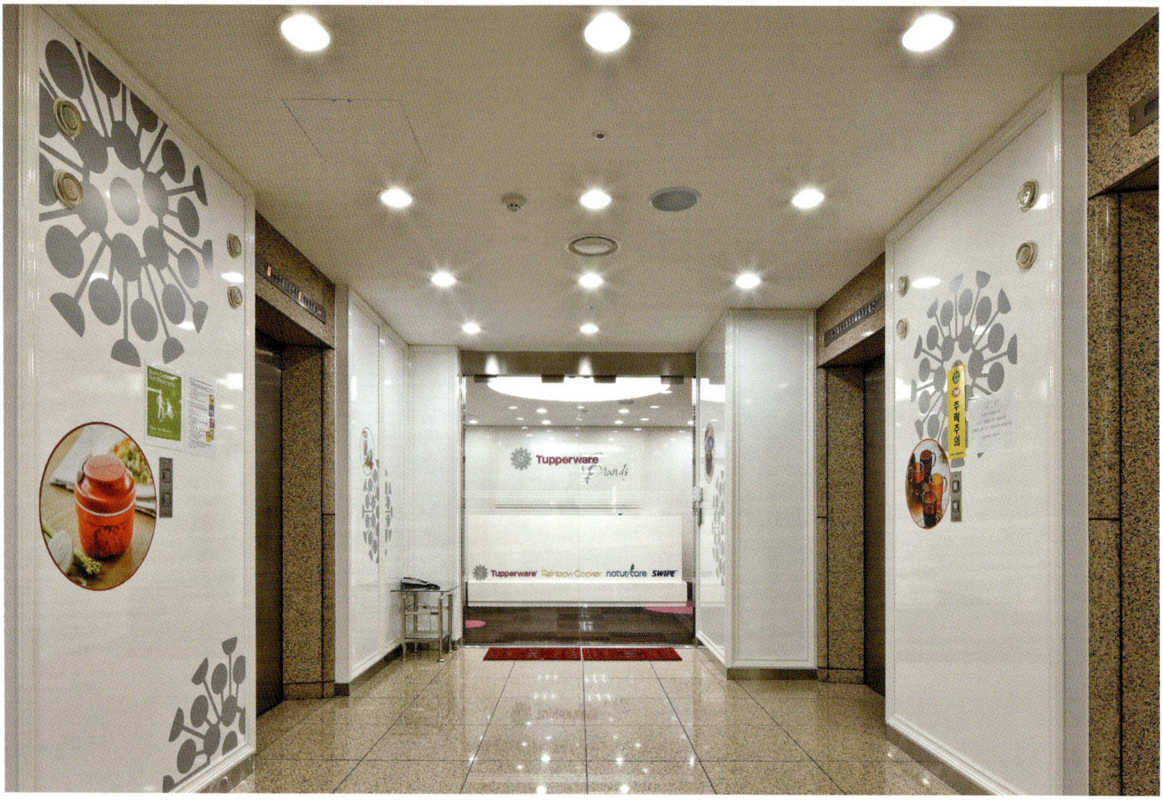
Tupperware
Tupperware Rainbow Cooker naturcare SWIPE

Comfort divides into two elements: the concept of functional dimensions and the application of design rules. A designer should apply rules according to space, and they are unity & harmony, scale & proportion, and accent & contrast. Space and furniture that fit rules and the body can combine to create a comfortable space.

Comfortable

The Derindere Fleet Leasing Office

Design TeamFores
Design Team Serter Karataban, Ceyhun Akın, Murat Ozbay, Ceyda Atıcı
Client The Derindere Fleet Leasing
Use Office
Location Istanbul, Kagithane
Building Size 2,150m²
Photo Mehmet Ince

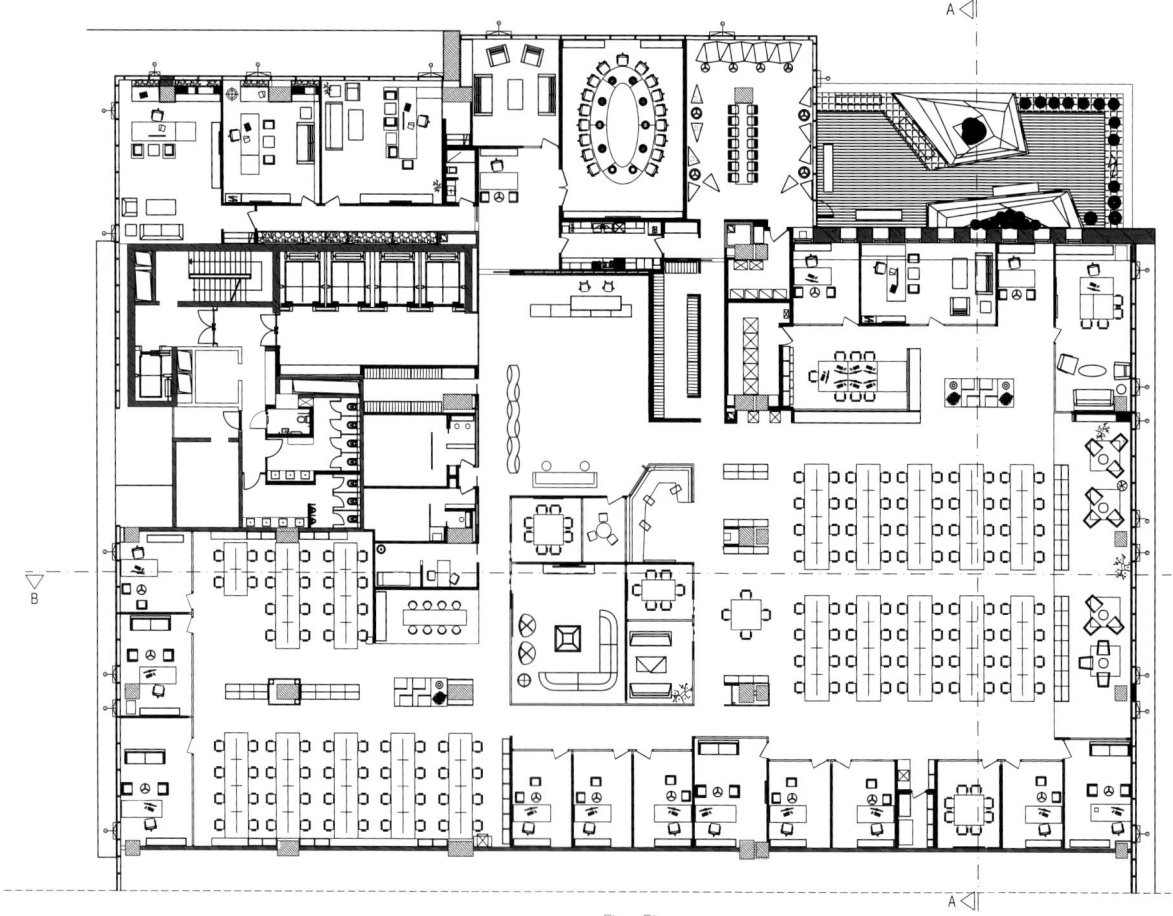

Floor Plan

데린데어 플릿 임대 오피스

프로젝트를 특별하게 만드는 주 요인은 사회적인 용도에 더 많은 공간을 제공하고 업무 활동에는 더 적은 공간을 제공하는 것이며, 따라서 최고 수준의 업무 동기와 향상된 생산성에 기여하게 한다. 디자인은 현재 직원들의 업무습관의 변화를 고려하고 이 새로운 상황에 더 스마트하고 간단한 해결을 제공한다. 방들은 가능한 한 많은 필요에 대답할 수 있도록 다기능 용도로 구성하고, 따라서 이 정도 크기의 프로젝트에 필요한 공간은 사라지고 가능한 새로운 기능들을 위한 공간을 열어두는 가능성은 남겨둔다. 사회적 용도를 위한 공간 디자인의 성공은, 같은 사무실에서 일하면서도 일반적으로는 서로를 알 수 없었던 사람들이 서로 함께하게 함으로써 발생하는 향상된 생산성에서 찾아 볼 수 있으며 결과적으로 유익한 상호작용이 생성되었다.

사용자 수와 사용자 시나리오에 따라 불필요한 에너지를 최소화하기 위해 자동화 시스템으로 기계 상태와 조명을 모니터링 하는 등, 오피스는 첨단 기술의 이점을 최대한 활용한다. 장비의 불필요한 사용을 피하는 동안 에너지의 균형 잡힌 사용은 청각을 더 편안하게 해 준다. 냉방에 지열을 사용하는 건물의 오피스 경우, 오피스 설계는 따라서 에너지 측면에서의 지속가능성을 강화한다.

The main factor that makes up the specificity of the project consists of providing more space for social and smaller areas for working activities, thus contributing to top level work motivation and increased productivity. The design takes account of the changing working habits of today's employees, providing clever and simple solutions to this new situation. The rooms are conceived as multi-functional units so as to answer to as many needs as possible, thus diminishing the space needed for a project of this size while leaving the possibility to open up spaces to new potential functions. The success of the designof the social premises can be seen in the increased productivity resulting from the bringing together of people who would not usually know each other despite the fact that they work in the same office and the fruitful interaction thus created.

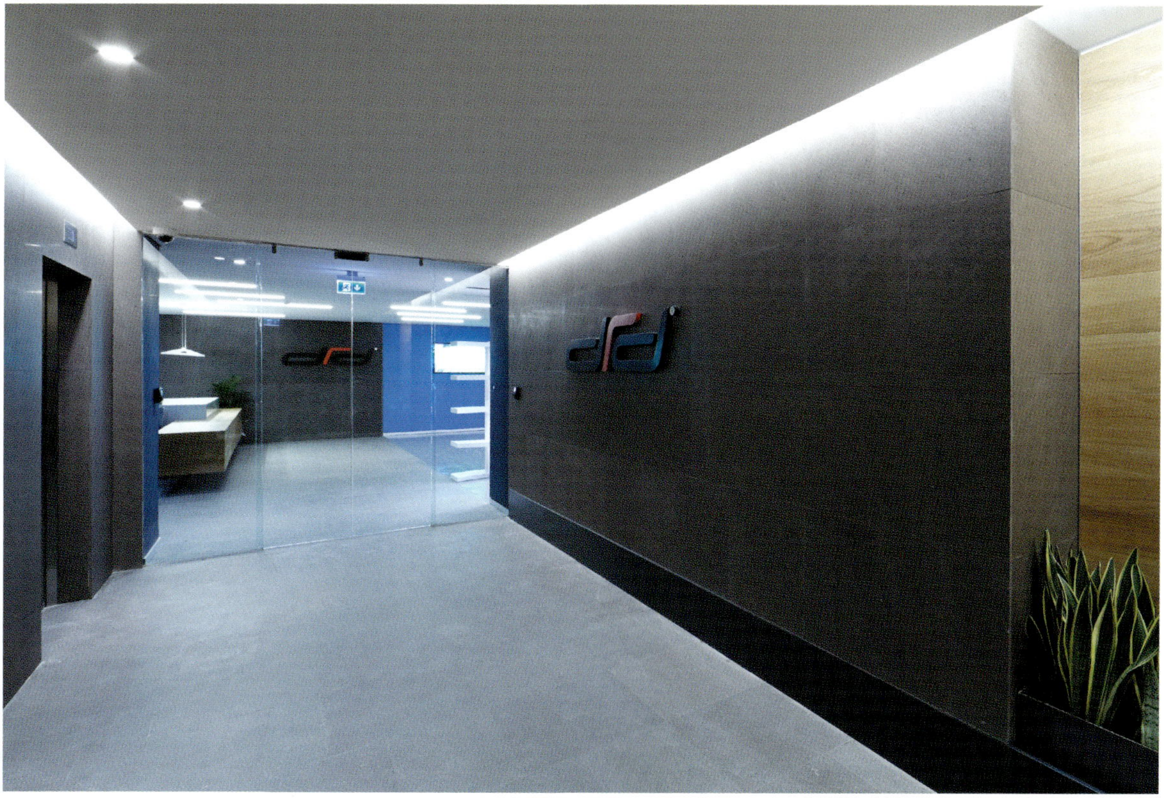

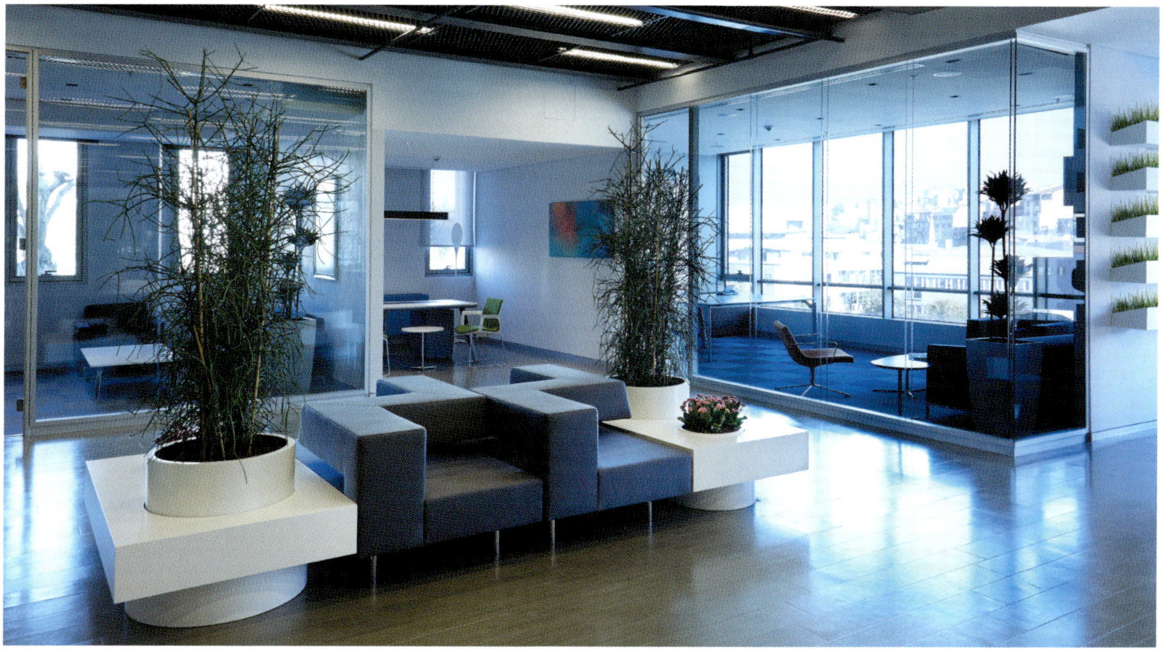

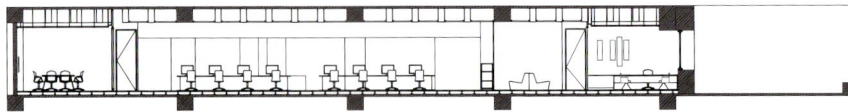

Section A

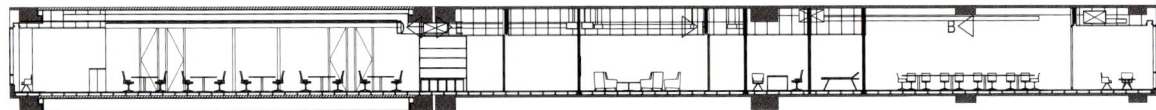

Section B

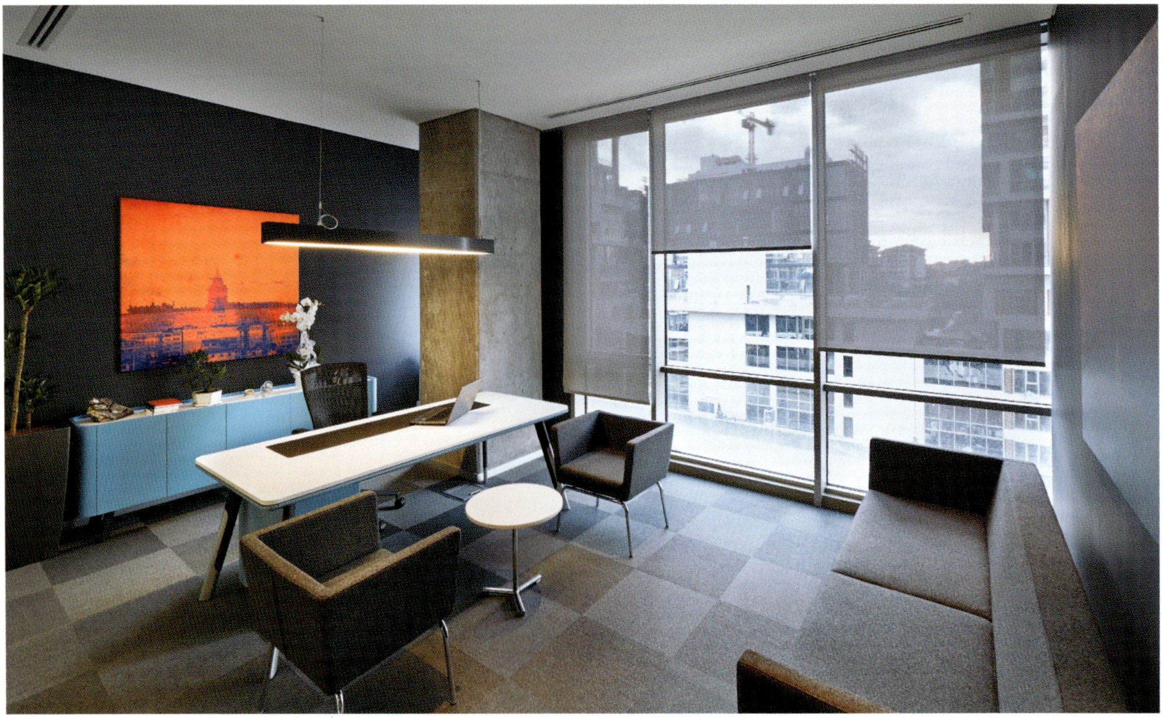

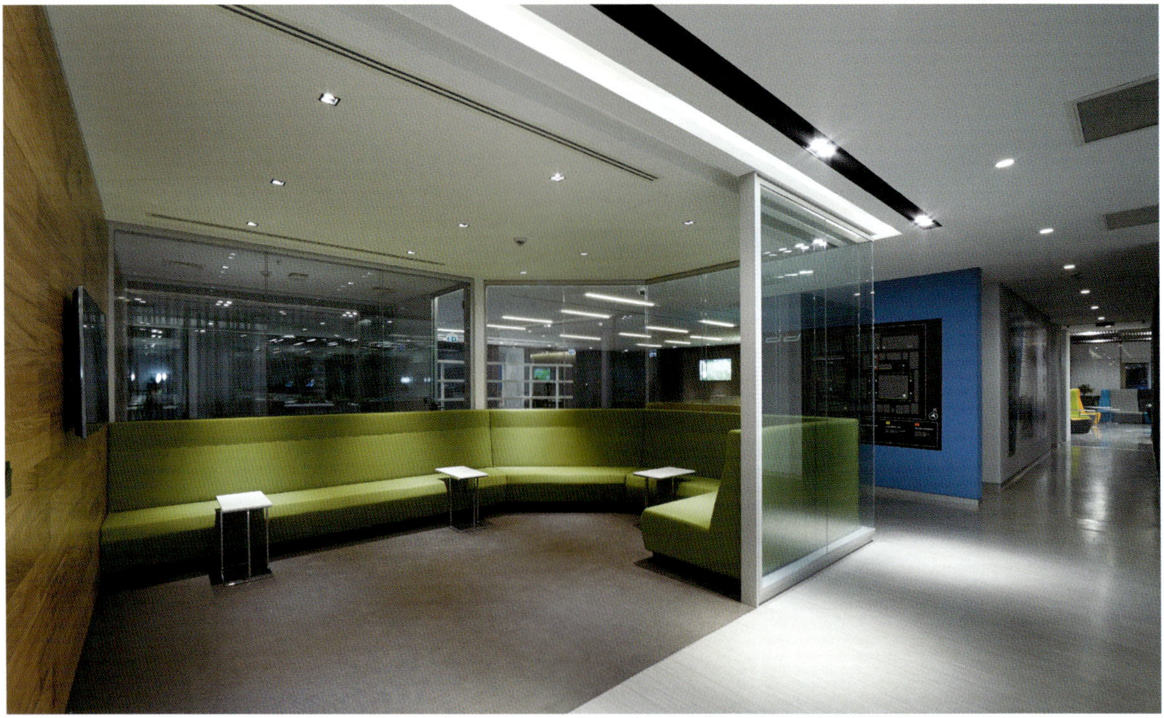

Paper Folding Space - Elle Office

Design feeling Design_Evan Wu
Design Team He Yuansheng & feeling Design
Client Xin Chi Garment Co., Ltd (Guangzhou)
Location Guangzhou, Guangdong Province, China
Interior Area 205m²
Materials Concrete, Glass, Wood Veneer, Custom-made Metal Components
Photo He Yuansheng

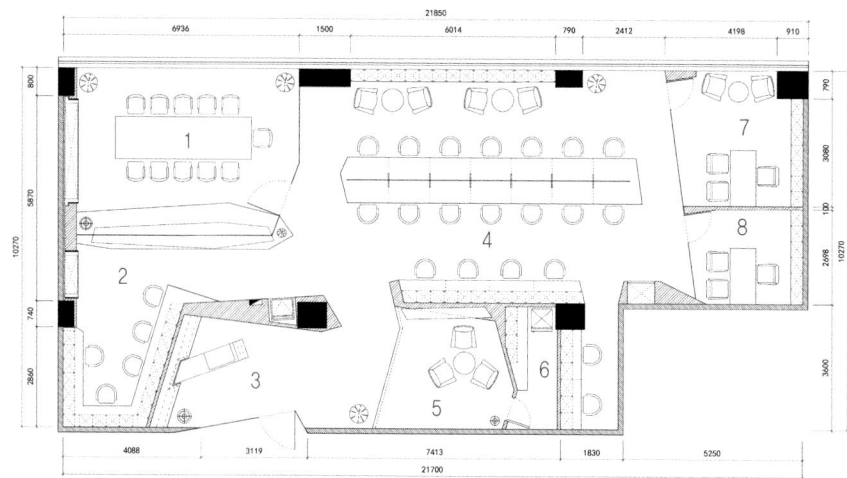

1. Meeting Room
2. Research and Development Center
3. Reception
4. Office Area
5. Leisure Area
6. Tea Room
7. General Manager Room
8. Assistant Manager Room

Floor Plan

엘르 오피스

제한된 사업 공간과 많은 고객들을 수용하고자 하는 요건들을 고려하여 종이접기에서 영감을 얻은 특별한 디자인이 제안되었다.

이러한 좁은 공간에서는 아름다움만이 우리가 고려해야 할 효과는 아니다. 따라서 우리는 다양한 기능의 수용 또한 고려했다. 예를들어 회의실에 있는 긴 책상의 주 기능은 앉기 위한 것이지만 양면 디스플레이(전시)나 저장공간의 기능도 가능하다. 벽에 걸려있는 캐비닛은 단순히 저장을 위한 공간만이 아닌 조명이 될 수도 있다. 유리문의 사인 디자인조차도 종이접기 요소와 통합되어 공간과 더욱 잘 상호작용을 한다. 아주 많은 기능을 가진 폴드공간(접힘 공간)이 등장하여 현실과 고객의 요구간의 상충문제를 완벽하게 해결하였다.

이러한 창의적인 종이접기 방식은 간단하지만 효과적이다. 또한, 구하기 쉬운 재질을 이용함으로써 예산 통제를 가능하게 했다. 공간의 주 재료는 목재 베니어판, 콘크리트, 그리고 주문 제작한 철재부품이었다. 우리는 재질의 모양과 비율을 조절하여 사람과 공간간의 연결과 친밀도를 강화시켰다.

At the initial design stage, considering limited space of project site and client's large capacity requirement, feeling Design proposed a special design for plan layout with inspiration of Paper Folding.

In this tight space, Beauty is not the only effect we consider. Likewise, we also consider multi-functions. For example, the compound long desk in the meeting room, its main function is seating, but it also has functions of double-side displaying and storage. The hanging cabinet against the wall, it is not just a storage space but also offers lighting; even the sign design on the glass door, it also integrates with paper folding element as to interact with the space better. With so many multi-function spaces, a folding space came out and perfectly solved the contradiction between the reality and the client's need.

This paper folding creativity is simple but effective. It controlled the budget through using easy accessible materials. The main materials of this space are wood veneer, concrete and custom-made metal components. We strengthen the connection and intimacy between people and space through small adjustments to the shape and proportion of the materials.

Grey latex paint
Hidden LED
Custom made front desk
White latex paint
White latex paint
Hidden LED
Composite floor board finishing
5mm dark grey steel broad shell
logo
White paint
Wooden finishing
tempering glass (12mm)
Hidden LED

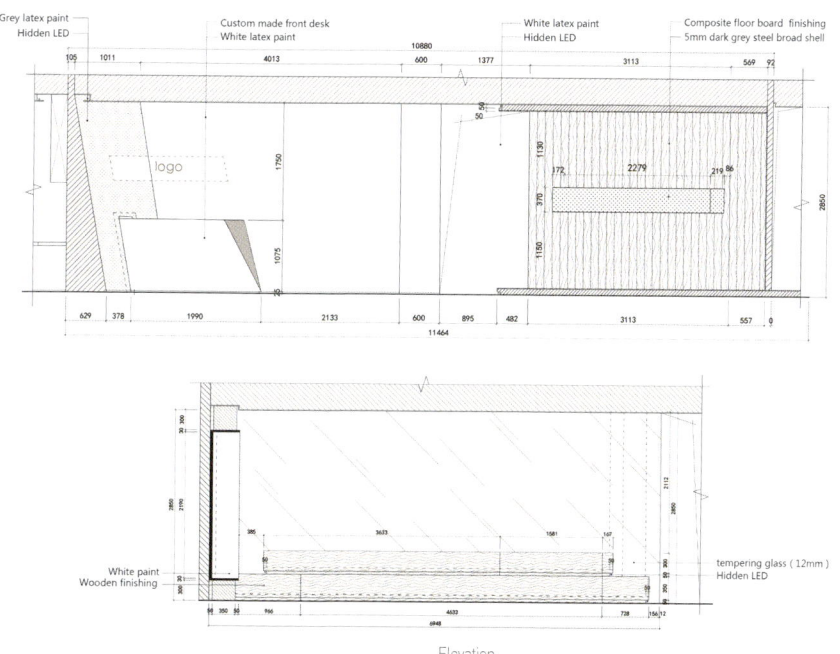

Elevation

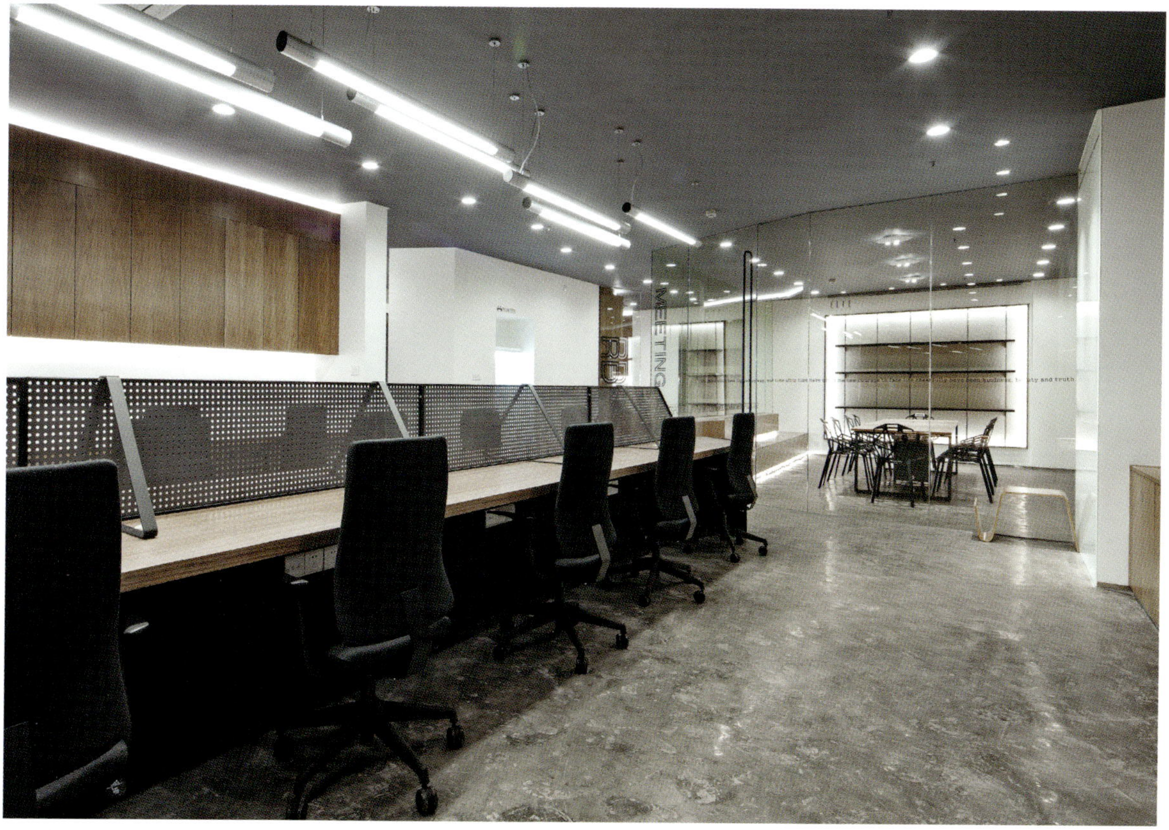

SAP Development Center _Turkey

Design MuuM
Design Team Murat Aksu, Umutiyigün, Berna Erenoglu, Mügelnan, YâgmurYetim, Sibel Kurugül, CerenBek
Mechanic Project Total Teknik
Electric Project Prota
Wood Works KonseptAhşap
Lighting Ukon
Client SAP Turkey
Location Istanbul Teknopark, Kurtkoy, Istanbul - Turkey
Area 1,485m²
Photo Gürkan AKAY

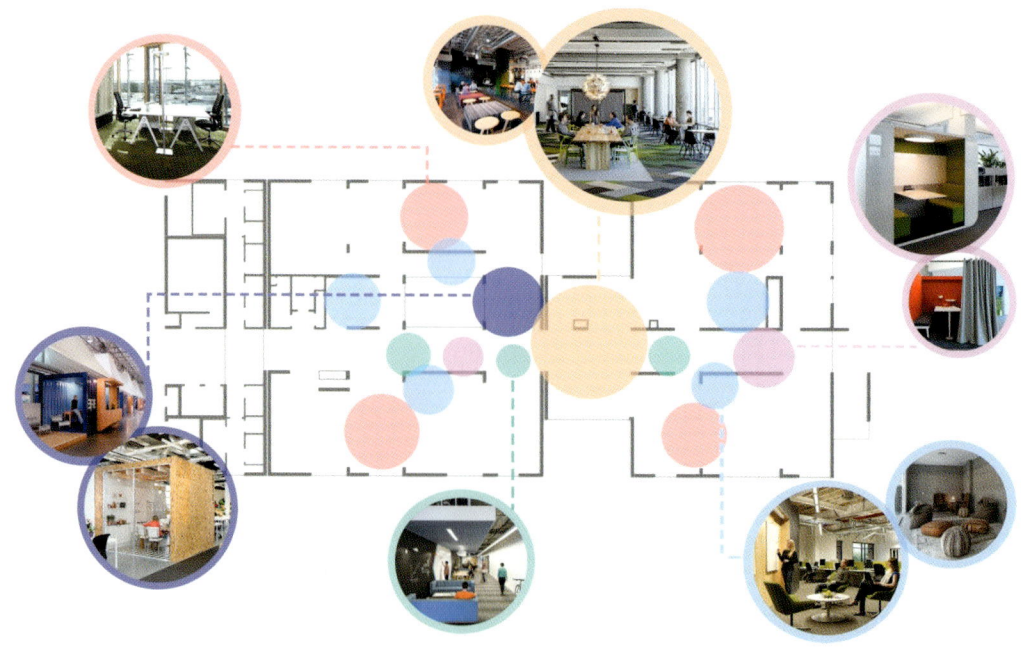

터키 에스에이피 개발센터

센터의 설계 개념은 창조적이며 혁신적인 환경을 제공하는 동시에, SAP의 정신과 가치의 표현을 유지하면서도 방문하는 모든 이들에게 이스탄불 특유의 느낌을 선사한다는 아이디어를 중심으로 진행되었다.

터키 SAP 개발 센터는 일반적인 작업 공간 및 협업 공간과 크게 다르지는 않지만, 전형적인 이스탄불 지역 내 광장을 테마로 한 대규모 협업/커뮤니케이션 구역을 특징으로 하는 소위 "광장"이라는 종합 공간의 개념을 통해 작업 공간에 지역적, 문화적, 사회적 측면을 추가하는 것을 목표로 하였다. 이 공간에는 작은 부엌이 딸려 있다. 이 공간은 다양한 교류의 기회를 제공하며 유연한 IT 인프라를 통하여 손쉽게 협업 구역으로 변화된다. 또한, "레인(the lane)"이라 불리는 다양한 가구들의 라인은 이스탄불 각지의 작은 길을 테마로 하여 자유로운 형태의 협업/커뮤니케이션 공간을 제공한다. 방문객과 사용자들은 리바로 만든 예술적인 이스탄불의 실루엣에 감탄하게 된다.

The design concept centers around the idea of while providing a creative and innovative environment(Design Thinking Process) and have all catch the feeling of Istanbul while keeping the expression of SAP's spirit and values.

In SAP Development Center Turkey, it is not quite different than usual work places and collaborative spaces, but, it is aimed to add a localized, cultural and social aspects by a conceptual sections of overall space which is referred as "the square"-featuring a large collaboration/communication area with a theme of a typical square of districts in Istanbul, the space is supported by a kitchenette. The space offers various socializing opportunites as well as it can esaily turn into a colloboration area by its flexible IT infrastucture. "the lane"-a line of various furnitures which offer colloboration /communication in an informal format within a theme of the small lanes in the varying districts of Istanbul. Visitors and users are amazed by the artistic silhouette of Istanbul made from rebars.

SOCIAL LANE
SQUARE
SOCIAL LANE
INDIVIDUAL
COLLABORATIVE
SOCIAL

SAP

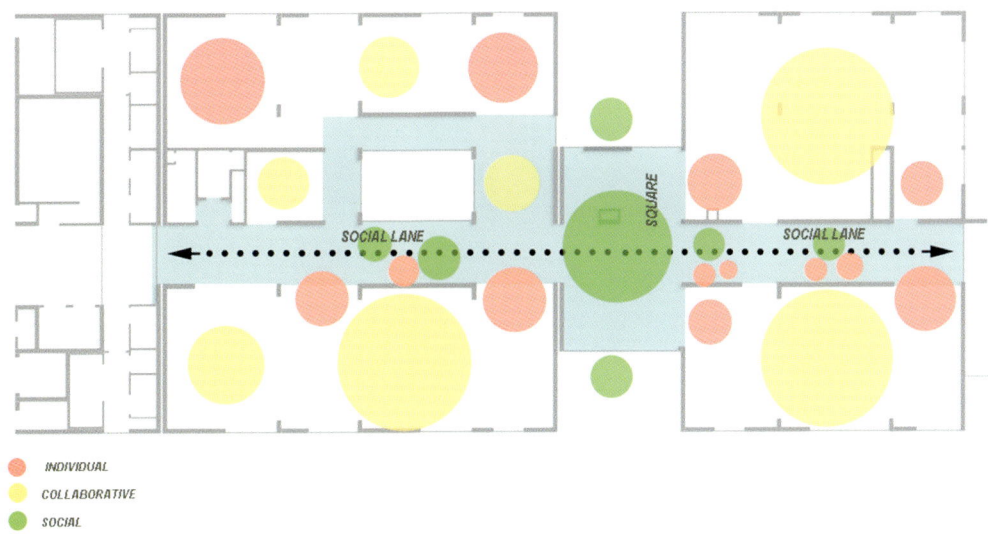

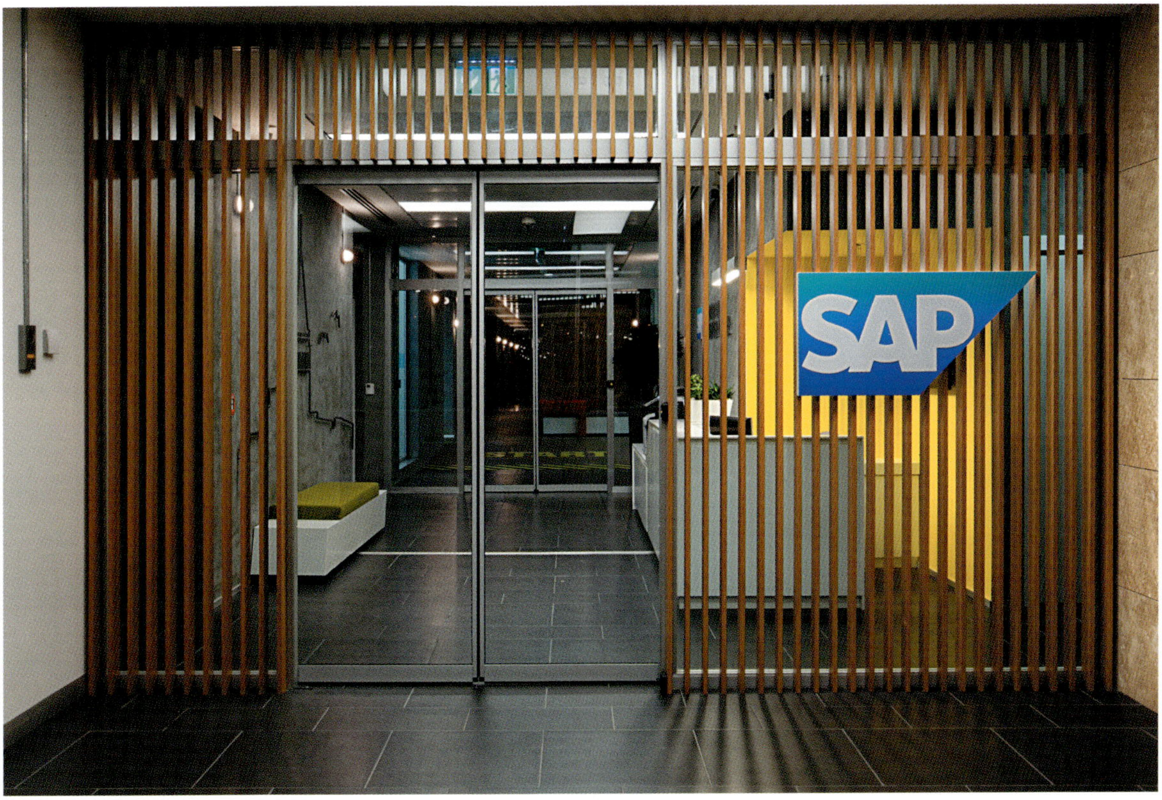

ZAMNESS

Architects nook architects
Location Poble Nou, Barcelona, Espana
Area 300m²
Photo nieve | Productora Audiovisual

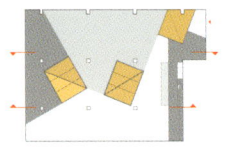

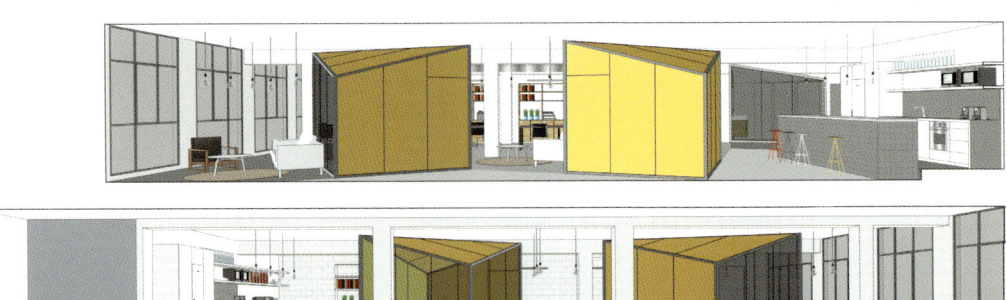

Section

잼니스

본 구조는 본 프로젝트에 필요한 기능 계획에 확실하게 부합되는 3개의 중심 라인(centerline)으로 구성되어 있다. 이 중심라인은 각각 정반대쪽에 위치한 두 개의 오피스와 공용 회의실, 휴식 공간이다. 우리는 그물 모양의 구조와 모듈화된 파사드에 의해 만들어진 직교 배열의 강도에 주목하였다.

우리는 입구 근처에 화장실을 배치하고 기존의 바닥높이보다 화장실의 바닥을 높임으로써, 본 시설의 한 쪽 끝에 위치한 한 개의 배수 파이프에 위생 설비를 연결할 수 있게 하였다. 그리고 우리는 각 볼륨과 작업 테이블을 같은 재질로 만들고자 노력하였다. 우리는 내구성이 뛰어나고 방수성이 있으며 크기가 큰 색상 클립보드를 사용하였다. 나머지 가구들은 공간의 크기에 맞춘 표준형 모듈을 사용하였다. 빈 캔버스를 채우는 도전을 맞이하게 된 우리는 업무, 휴식, 레저 시간 사이의 경계를 허물기 위하여 우리가 사용하는 방식과 동일한 방식으로 각 구역의 한계를 허무는 잼니스만의 대각선 구조를 만들어냈다.

The structure is composed of three centerlines that clearly fitted the required functional plan: two offices located on opposite sides and the common meeting rooms and resting areas in the center. We noticed, from the beginning the strength of the orthogonal arrangement set by the reticular structure and the modulated facade.

We placed the bathrooms near the entry and elevated it from the original pavement level to allow the sanitary installation to reach the only drainpipe located on one end of the establishment. We then set ourselves to solve the volumes and the working tables with the same material. We used colored chipboard, which is durable, water resistant and available in large sizes. The rest of the rest of the furniture are standard modules adapted to the dimensions of the spaces. Upon finding the challenge of a blank canvas, we established in Zamness diagonals that diluted the limits of each zone the same way that we intend to dilute the limits between work, rest and leisure time.

Section

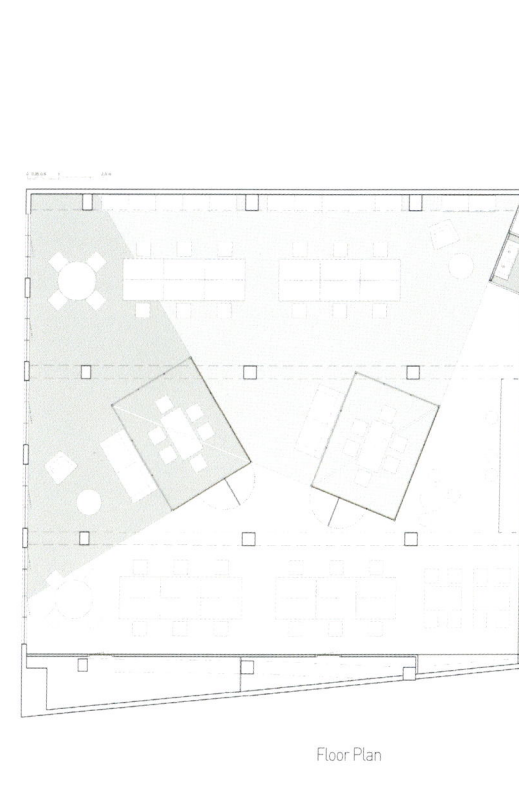

Floor Plan

BWM Office

Design feeling Brand Design Co., Ltd_Evan Wu
Client BWM Garment Co., Ltd
Location Guangzhou, China
Area 320m²
Finish Artificial stone, Woven floor covering, Wood veneer, Texture wall paint
Photo He Yuansheng

비엠더블유 오피스

요즘 사람들은 점점 자신의 일이 아닌 다른일에 무관심해진다. BWM 사옥 설계 일을 받았을 때 이런 상황을 깨기 위해 감성 설계(feeling Design)를 시도했다. 동료들 간의 위계적 관계를 강조하는 대신에, BWM은 내부 협력에 대해 신경을 더 많이 썼다. 감성 설계는 BWM에게 아주 제격이었다. 이를 통해 좀 더 친환경적이고 통일적인 사무실 공간을 만들기 위해 공간 구획 구조를 바꾸기로 결정했다.

설계 초기 단계에서, 우리는 공간을 단순하면서도 놀라운 경험을 할 수 있는 공간으로 계획했다. 막힘 없는 동선들과 단순한 공간 레이아웃이 어우러져 미적 감각을 살렸다. 흰색의 목재들과 숨은 조명들이 아늑한 분위기를 만들어냈다. 서로를 구속하지 않으면서도, 공간의 각 부분마다 크기와 라디안이 다 다르고, 특별한 형태로 서로를 연결했다. 중앙 개방 사무실에 있는 부드러운 곡선의 사무실 테이블 칸막이 덕분에 동료들간의 소통이 원활해졌다. 사무실 테이블과 로비의 특색있는 벽은 주로 인공석으로 만들었다. 이러한 친환경 석재들과 목재를 사용함으로써 자연스럽고 생동감이 넘치는 환경을 만들어냈다. 이 밖에도 유연하면서도 다양한 인공석 속성으로 인해 독특하고 특별한 공간 배치를 할 수 있었다.

People are becoming more and more indifferent today, feeling Design attempted to break this situation when they received the design task for BWM office. Instead of emphasizing hierarchical relationships among colleagues in other companies, BWM concerns more about inner cooperation. feeling Design hit it off with BWM right away! feeling Design made a decision to change the space compartment structure for creating a more friendly and harmonious office space.

At the initial design stage, we instinctively pursue a simple but surprising spatial experience. Fluent lines and simple space layout are mingled to use to create a sense of beauty. White background with wood elements and hidden lights create a cozy atmosphere. Unconstrained by others, each part in the space has unique size and radian, connects and penetrates with each other through special forms.

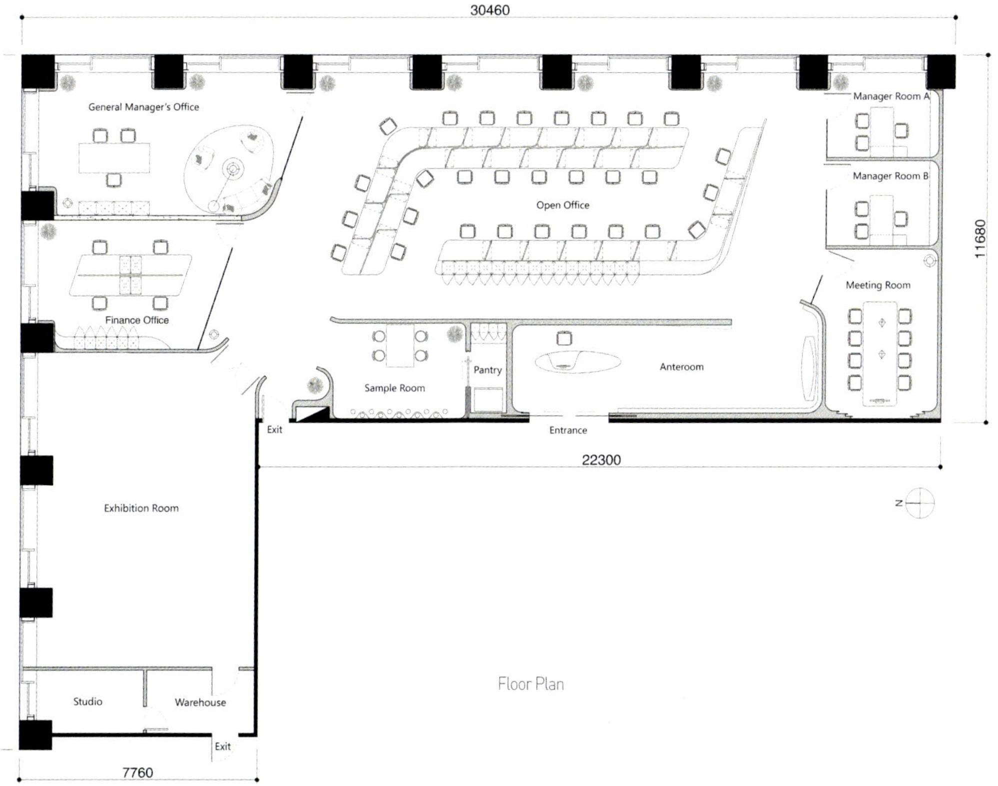
30460
General Manager's Office
Manager Room A
Manager Room B
Open Office
Meeting Room
Finance Office
Pantry
Sample Room
Anteroom
Exit
Entrance
22300
11680
N
Exhibition Room
Studio
Warehouse
Exit
7760

Floor Plan

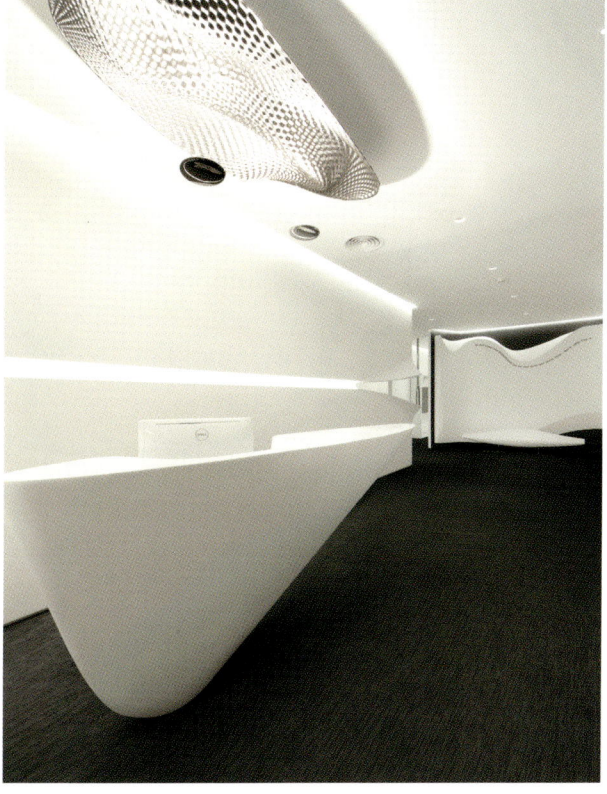

Hidden LED
PT 01 Latex paint
MS 01 Plywood
MF 01 Metal strip

The gridding is standard lofting gridding, not texture.

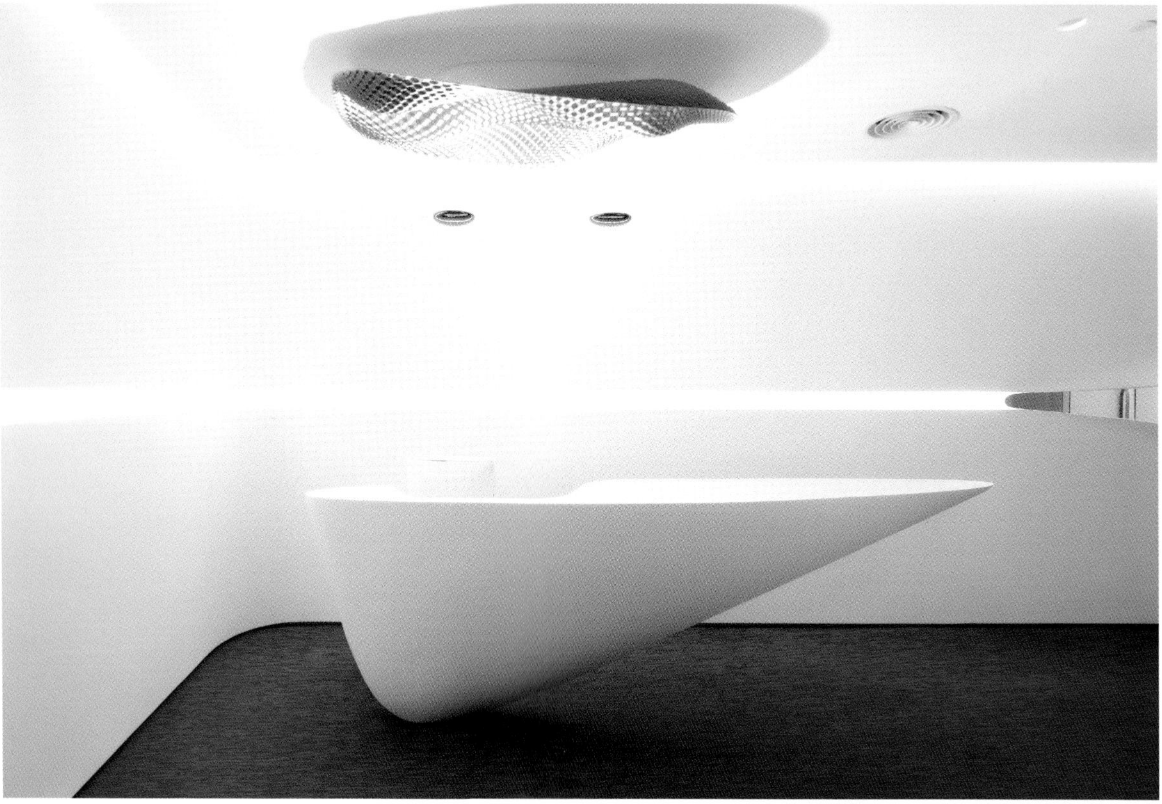

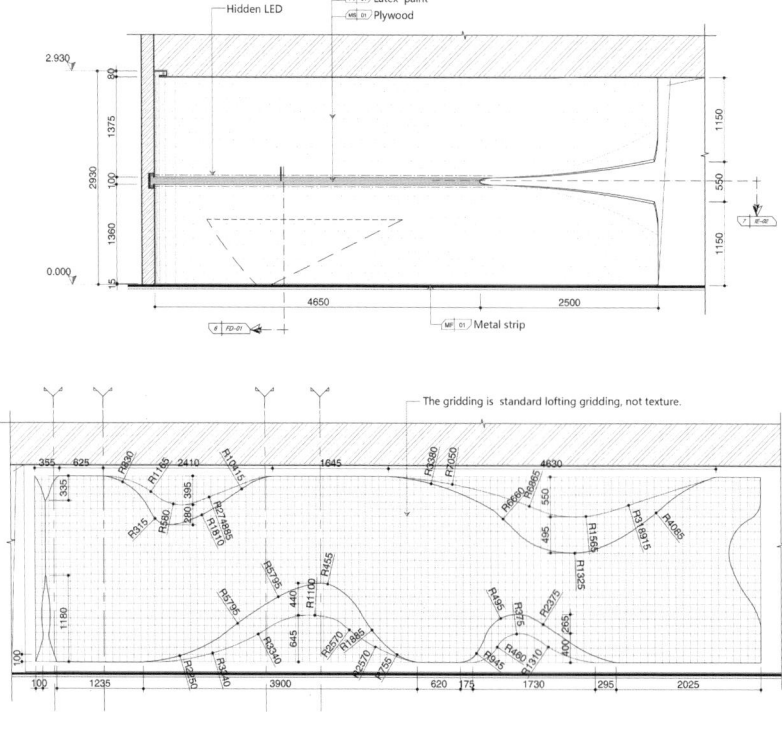

Elevation

SAMPLE
room
LED

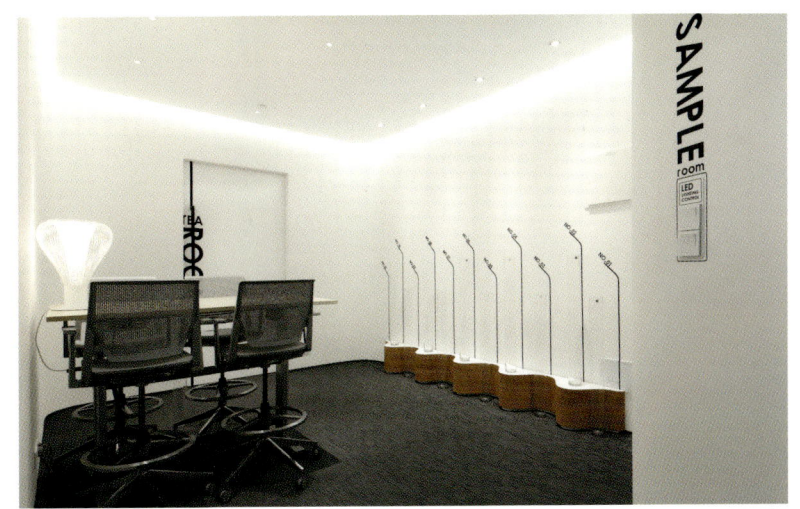

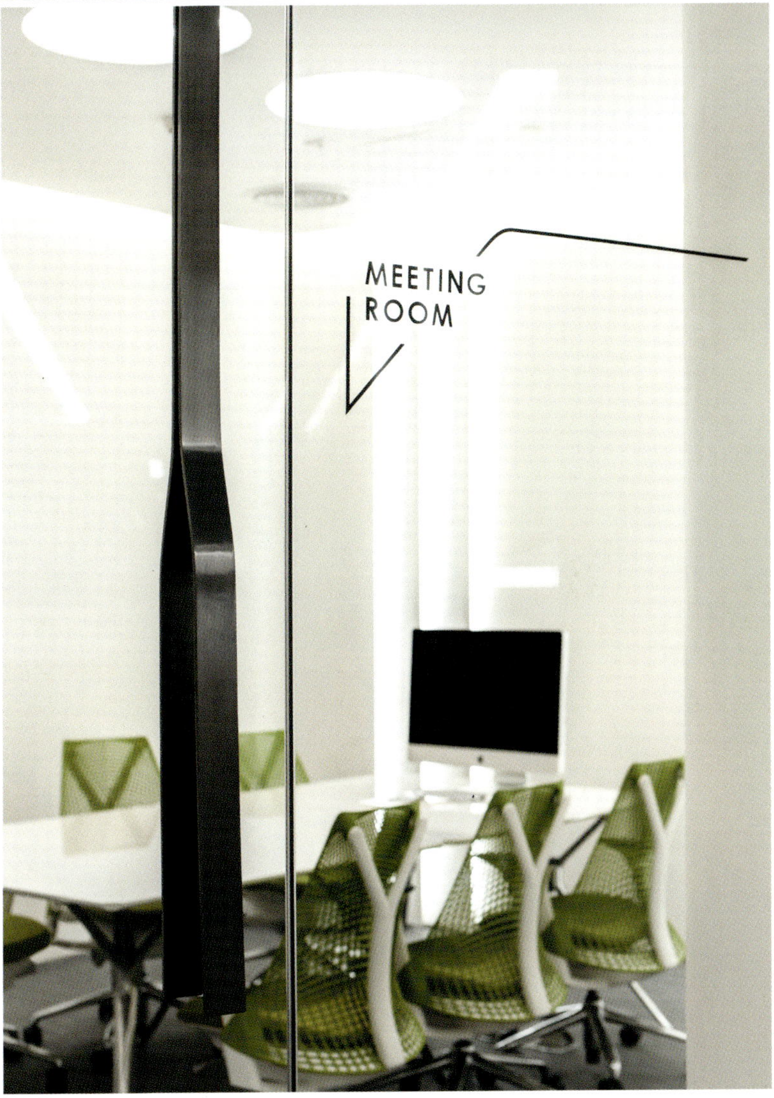
MEETING
ROOM